高等职业教育计算机系列教材

UI 设计与实践

（微课版）

周翠菊　冼芸安◎主　编

张幼晖　隋嫦婉◎副主编

U0217784

电子工业出版社

Publishing House of Electronics Industry

北京·BEIJING

内 容 简 介

本书以项目导向、任务驱动的方式进行内容设计，基于 UI 设计岗位的工作流程分析典型工作情境、解构关键工作任务，实操案例采用 UI 设计主流工具 Figma。本书包括认识 UI 设计、了解 UI 设计的基本知识、掌握 UI 设计的风格定位、掌握 UI 设计中的关键元素、熟悉 UI 的组合设计、掌握 UI 设计的标注和切图、天气类 App 实训、购物类 App 实训 8 个项目，带领读者全方位练习 UI 设计，强化岗位技能。

本书既可作为高职院校 UI 设计类课程的教材，也可作为 UI 设计师、交互设计师、产品经理等相关工作人员的工具用书。

图书在版编目（CIP）数据

UI 设计与实践 ：微课版 / 周翠菊，冼芸安主编.

北京 ：电子工业出版社, 2024. 6. -- ISBN 978-7-121

-48080-5

Ⅰ. TP311.1

中国国家版本馆 CIP 数据核字第 2024TV4277 号

责任编辑：徐建军
印　　刷：天津千鹤文化传播有限公司
装　　订：天津千鹤文化传播有限公司
出版发行：电子工业出版社
　　　　　北京市海淀区万寿路 173 信箱　　邮编　100036
开　　本：787×1 092　　1/16　印张：11.5　字数：295 千字
版　　次：2024 年 6 月第 1 版
印　　次：2024 年 6 月第 1 次印刷
印　　数：1 200 册　　定价：58.00 元

凡所购买电子工业出版社图书有缺损问题，请向购买书店调换。若书店售缺，请与本社发行部联系，联系及邮购电话：（010）88254888，88258888。

质量投诉请发邮件至 zlts@phei.com.cn，盗版侵权举报请发邮件至 dbqq@phei.com.cn。

本书咨询联系方式：（010）88254570，xujj@phei.com.cn。

前言

党的二十大报告中明确提出，加快发展数字经济，促进数字经济和实体经济深度融合，打造具有国际竞争力的数字产业集群。UI 设计不仅是一种美学表现，也是增强用户体验的关键因素。本书充分贯彻党的二十大精神，强化现代化建设人才支撑，秉持"尊重劳动、尊重知识、尊重人才、尊重创造"的思想，以企业人才岗位需求为目标，突出知识与技能的有机融合，让学生在学习过程中举一反三，创新思维，以适应高等职业教育人才的建设需求。

UI 是 User Interface（用户界面）的简称，其具体设计内容是针对智能手机、计算机及其他智能化电子设备的应用程序或网页，展开的一系列对界面交互与界面视觉的设计。随着智能化设备的快速发展，UI 设计师的需求量也在不断增大，各大互联网企业、智能化设备企业、科技企业都陆续设立了与 UI 设计相关的部门，还出现了专门从事 UI 设计的公司。

本书根据职业教育特点进行内容设计，基于 UI 设计岗位的工作流程，分析典型的工作情境，解构关键工作任务，根据学生的认知规律和岗位工作流程分解出关键工作任务，在每个工作任务中设置教学内容，以项目式、任务式的方式推进学习，加强对学生的职业技能训练，提高学生的岗位综合能力，凸显职业教育特色。

本书紧跟 UI 设计领域的最新趋势，及时更新 UI 设计知识和相关工具，帮助读者了解和应对快速变化的设计需求和发展方向。本书项目 1～项目 3 主要介绍 UI 设计的概念及分类、行业现状、工作流程、基本原则、常用工具、基本分类、基本框架、界面布局、平台规范，以及 UI 设计的风格定位；项目 4～项目 5 主要介绍 UI 设计中的关键元素和 UI 的组合设计，并通过实际操作演示了相关内容的制作过程；项目 6 主要介绍 UI 设计的标注和切图，并通过案例和实际操作演示了实际工作中的标注和切图过程；项目 7～项目 8 基于以上学习内容对天气类 App 和购物类 App 进行实战演练，带领读者全方位练习 UI 设计，强化岗位技能。

本书具有以下特点。

1．配备丰富案例

本书在知识点讲解过程中，配备了大量日常生活中常用的应用程序案例，内容通俗易懂，可以提高读者对学习的兴趣。

2．采用主流工具

据调研，目前腾讯、字节跳动、大疆等企业均已使用 Figma 软件进行 UI 设计。因此，本书的实操模块更新了以往的 Adobe Photoshop、Adobe Illustrator 等基础设计工具，采用当前 UI 设计业内的主流工具 Figma，读者不仅可以学习 Figma 的使用方法，还可以提高与市场的对接能力。

3．配备实操视频

本书配备实操视频，与书中的实操内容相辅相成，读者可以扫描实操任务中的二维码直接在线观看实操视频，提高学习效率。

本书由广东工贸职业技术学院的教师组织编写，由周翠菊、冼芸安担任主编，由张幼晖、隋嫣婉担任副主编，参编的还有王毓成、漆晟，全书由周翠菊统稿。

为了方便教师教学，本书配有电子课件及相关资源，包括教学 PPT、教案、授课计划、实操设计素材等，读者可登录华信教育资源网（www.hxedu.com.cn）注册后免费下载，如有问题可在网站留言板留言或与电子工业出版社联系（E-mail：hxedu@phei.com.cn）。

由于编者水平有限，书中难免存在一些疏漏和问题，不足之处敬请同行专家与广大读者批评指正。

编　者

目录

项目 1

认识 UI 设计

项目导读

随着移动互联网的兴起，UI 设计成为现代设计领域中的重要组成部分。企业逐渐意识到提高用户体验可以为他们带来极大的竞争优势和忠诚的用户群体。因此，UI 设计不仅仅是产品外部的装饰，更是产品与用户之间的纽带。本项目基于 UI 设计岗位的需求，详细介绍 UI 设计的概念及分类、行业现状、工作流程、基本原则、常用工具。

学习指南

学习指南			
	知识目标	**技能目标**	**素质目标**
学习目标	1. 了解 UI 设计的概念及分类和行业现状。 2. 了解 UI 设计的基本原则。 3. 熟悉 UI 设计的常用工具	1. 掌握 UI 设计的工作流程。 2. 清楚 UI 设计在产品开发中的上下游衔接工作	1. 培养学生爱岗敬业的责任心。 2. 培养学生的职业理想、社会责任感和意志力
知识巩固	1. 回顾 UI 设计的概念、工作流程及常用工具。 2. 体验一款自己常用的 App，并分析 App 运用的 UI 设计原则		

1.1 UI 设计的概念及分类

1.1.1 UI 设计的概念

UI 设计（User Interface Design，用户界面设计）是指以用户为中心，通过创建易用、直观、有效的 UI（User Interface，用户界面），帮助用户在电子设备与软件系统中进行操作和交互的过程。目前，UI 设计广泛应用于智能手机应用程序的界面、智能电子设备的界面、车载系统界面、网页界面等，如图 1-1 所示。

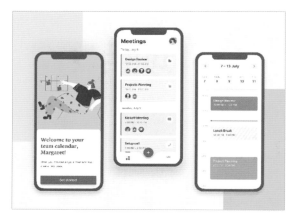

图 1-1　UI 设计展示

UI 设计要求 UI 设计师深入了解目标用户的需求和行为模式，运用人机工程学、心理学等相关知识，将 UI 设计与用户体验紧密结合起来。良好的 UI 设计能够减少用户的困惑和犹豫，提高使用效率和满意度，并为产品或服务赋予独特的品牌形象。

1.1.2　UI 设计的分类

根据市场需求和发展趋势，按照 UI 的类型，UI 设计可分为 PC 端 UI 设计、移动端 UI 设计、游戏 UI 设计和其他细分领域 UI 设计。

1. PC 端 UI 设计

PC 端 UI 设计包括网页和计算机软件的 UI 设计。网页 UI 设计是指为网页及其相关元素进行视觉和交互设计的过程，旨在提供用户友好、易用的网页界面。计算机软件的 UI 设计是针对各类软件进行的界面设计，包括企业管理软件、设计工具、新媒体编辑软件等，旨在提供用户友好的交互和良好的用户体验，如图 1-2 所示。

图 1-2　PC 端 UI 设计

2. 移动端 UI 设计

移动端 UI 设计主要针对手机、平板等移动设备上应用程序（App）的 UI 进行设计。智能手机是移动设备的典型代表，上面承载着各种应用程序。移动端 UI 设计根据应用程序的类型可以分为系统 UI 设计和软件 UI 设计，其中，系统 UI 设计关注整个操作系统的 UI，而软件

UI 设计关注特定应用程序的 UI, 如图 1-3 所示。

图 1-3 移动端 UI 设计

3. 游戏 UI 设计

游戏 UI 设计是对电子游戏的 UI 进行设计, 包括游戏菜单、控制面板、交互元素等, 旨在为游戏玩家提供一个直观、易操作的界面。游戏 UI 设计与其他 UI 设计的展现形式不同。从特点上来说, 游戏 UI 设计的视觉冲击力较强, 交互元素多样化、界面风格饱满。从技术上来说, 游戏 UI 设计元素大部分使用手绘完成, 展示的细节更丰富。例如, 椰岛游戏自主研发的《江南百景图》是以明朝江南地区为故事背景的古风模拟经营类手游, 从画面风格和声音特效上都能起到连接用户和游戏深层内容的作用, 如图 1-4 所示。

图 1-4 游戏端 UI 设计

4. 其他细分领域 UI 设计

其他细分领域的 UI 设计包括对嵌入式系统、VR/AR、智能家居设备、汽车导航系统等进行 UI 设计。这些是 UI 设计的一些常见分类，根据不同的应用场景和需求，UI 设计师可以专注于不同领域的设计工作。由于移动端 UI 受众面广、产品版本更新频率高、UI 设计师接触得多，因此本书将以移动端 UI 设计为主、PC 端 UI 设计为辅进行介绍。

1.2　UI 设计的行业现状

1.2.1　UI 设计的行业近况

UI 设计是随着互联网的快速发展而产生的新兴行业。过去，国内互联网公司中缺乏专门的 UI 设计岗位，更多的是与美工相关的工作。近年来，中小型互联网公司的兴起导致 UI 设计师的需求急剧上升。腾讯、百度、网易等企业成立了 UI 设计部门，并对 UI 设计师的要求越来越高。目前 UI 设计师主要负责互联网产品的风格定位、产品迭代、Banner 设计、专题活动设计等相关工作。

1. 风格定位

风格定位旨在确定界面的整体视觉效果，为产品界面设计具有竞争力的视觉形象，主要内容包括色彩规范、图标规范、字体规范、布局规范等的制定，一般在新产品或改版产品中会对产品的风格进行定位。这部分工作一般由经验丰富的 UI 设计师主导，如图 1-5 所示。

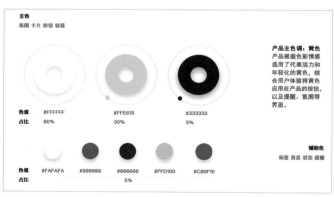

图 1-5　风格定位

2. 产品迭代

产品迭代是指在产品开发过程中，不断地对产品进行改进和优化，以适应市场和用户需求的变化。UI 设计师根据产品需求和产品功能的变化，不断优化、更新产品的 UI，包括图形样式、图标、按钮、布局、颜色、字体等方面的设计，以逐步提高用户体验，完善产品的功能，这部分工作占据 UI 设计师的主要精力，如图 1-6 所示。

图 1-6　产品迭代

3. Banner 设计

Banner 是 UI 中具有视觉吸引力和宣传信息的横幅广告或展示图片。Banner 设计通常用于网站首页、产品页面、社交媒体平台、电子邮件营销等场景，旨在引起用户的注意并促使他们进行特定的操作，如点击链接或了解更多信息。大部分企业会把 Banner 设计交给 UI 设计师，如图 1-7 所示。

图 1-7　Banner 设计

4. 专题活动设计

专题活动是为特定目的或主题而设计的临时性页面或界面，如淘宝的双 11 活动、京东的 618 活动页面。专题活动可以是产品推广、节日促销、限时特惠等，旨在吸引用户关注、提高用户参与度和销售转化率。专题活动的设计工作也是由 UI 设计师完成的，如图 1-8 所示。

图 1-8　专题活动

1.2.2　UI 设计的发展趋势

随着计算机和智能设备的更新迭代，UI 设计将会更加智能化和人性化，并且注重用户体验和多维度的设计，VR 虚拟现实和 3D 全息投影如图 1-9 所示。

图 1-9　VR 虚拟现实和 3D 全息投影

（1）人工智能和机器学习的应用。随着人工智能和机器学习技术的发展，UI 设计将更加智能化，如自动生成设计元素、自动优化交互设计等。

（2）更加注重用户体验。随着用户需求和期望的提高，UI 设计将更加注重用户体验，更加关注用户的使用习惯、行为分析和情感反馈，以提供更加个性化和优质的用户体验。

（3）多维度的设计。随着虚拟现实、增强现实等技术的发展，UI 设计将多维度发展，不再局限于平面和静态的界面，而是更加注重动态、立体和多元化的设计。

（4）人性化的设计。UI 设计将更加人性化，注重用户情感、文化背景和心理需求等因素，以提供更加人性化的交互和视觉体验。

1.3　UI 设计的工作流程

在了解 UI 设计工作流程之前，我们需要先了解 UI 设计在产品开发中所处的位置，熟悉 UI 设计的上下游衔接工作及内容，以便更好地展开设计。产品开发流程至少包括产品立项、需求分析、原型设计、UI 设计、开发、测试、上线发布及反馈与优化等过程。UI 设计根据上游原型设计提供的原型图和交互文档进行设计，完成设计任务之后，将设计输出物交付给下游的开发团队，主要设计输出物包括 UI 的视觉稿、标注稿、切图文件等。产品开发流程如图 1-10 所示。

在了解了 UI 设计在产品开发流程中所处的位置之后，我们可以聚焦在 UI 设计的工作流程上。UI 设计并不是直接开始绘图，而是要经过目标确定、竞品分析、草图设计、界面设计、用户测试、审查批准等流程。需要注意的是，具体的工作流程可能根据项目的具体需求和团队的工作流程而有所不同。UI 设计的工作流程如图 1-11 所示。

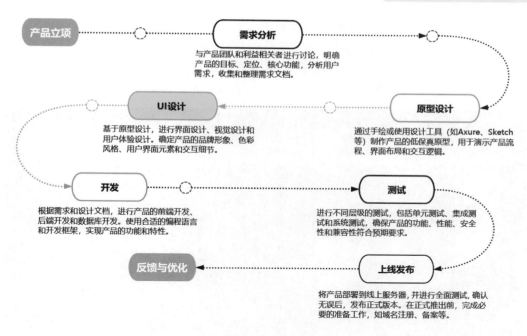

图 1-10 产品开发流程

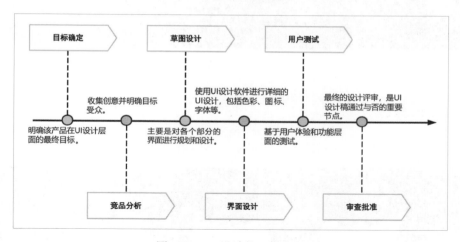

图 1-11 UI 设计的工作流程

1.3.1 目标确定

根据产品需求与优化目标讨论并确定本次 UI 设计的最终目标。例如，一款购票 App 以提升用户体验为目标进行一次界面优化改版，需要考虑用户体验，快速满足用户的不同出行方案，使界面易于识别和认知，同时提供视觉享受。

1.3.2 竞品分析

收集创意并开始设计，这一步通常涉及对当前市场和竞争对手的研究，以及对目标受众的明确。

通过研究竞争对手的产品，了解其设计理念、用户群体、交互方式、视觉风格等方面的特点和优劣势，以此为基础，找出自己产品的优势和不足，明确改进方向，完善自己的产品。分析内容主要包括 UI 设计、功能设计、交互设计、用户群体和市场反馈。在进行竞品分析时，应保持客观、公正的态度，注重分析细节和重点，尽可能收集全面、准确的信息，如图 1-12 所示。

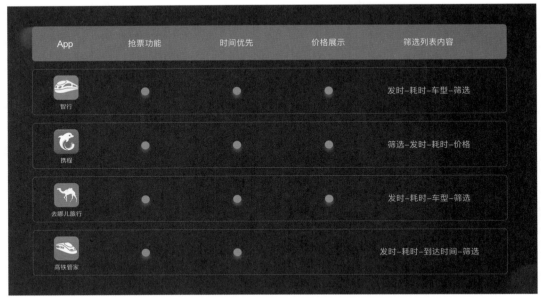

图 1-12　竞品分析

1.3.3　草图设计

使用设计工具绘制线框图和草图，规划和描述应用程序的各个部分，如图 1-13 所示。

图 1-13　草图设计

1.3.4　界面设计

根据线框图和草图，使用 UI 设计软件进行详细的 UI 设计，包括色彩、字体、图像、图标和其他视觉元素的设计和放置，如图 1-14 所示。

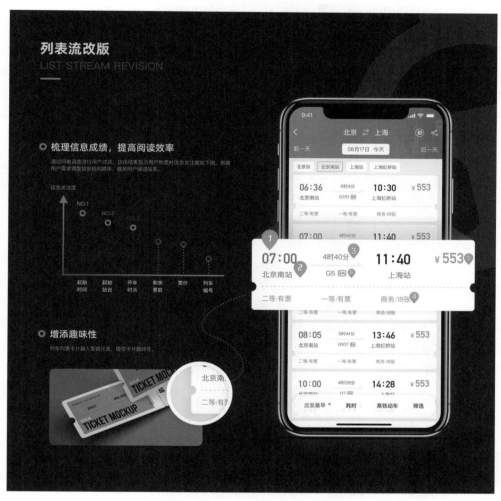

图 1-14　界面设计

1.3.5　用户测试

用户测试是指通过让真实用户使用 UI 设计来收集用户的反馈，观察用户的行为，以评估 UI 设计的可用性和用户体验。用户测试是 UI 设计中不可或缺的环节，能够提供实际的用户反馈和行为数据，指导 UI 设计的改进，确保 UI 设计符合用户需求，提供良好的用户体验。

1.3.6　审查批准

审查批准是确保 UI 设计满足需求、符合标准和品牌形象的关键环节。通过制定审查标准，进行内部审查、跨部门审查和品牌审查，最终获得批准，可以确保 UI 设计的质量，并获得相关团队的认可。审查批准流程有助于减少错误和降低风险，确保 UI 设计能够顺利实施并达到预期效果。

1.4 UI 设计的基本原则

UI 设计的基本原则是指在创建 UI 时需要遵循的一些原则和指导方针。这些原则旨在提供更好的用户体验，使 UI 易于使用、理解，并且传达清晰明了的信息。遵循这些基本原则可以使 UI 设计更具可用性、一致性和可预测性，提高用户的满意度和品牌形象。UI 设计的基本原则包括统一性原则、简洁美观原则和布局合理原则。理解并运用这些原则，UI 设计师可以设计出符合用户期望并具有良好用户体验的 UI。

1.4.1 统一性原则

统一性原则是指整个 UI 保持统一的设计风格、布局和交互方式，这有助于减少用户的学习成本，提高 UI 的可预测性和可操作性。

在新产品的研发中尽可能使用统一的知识元素，允许用户将熟知的知识元素应用到新产品中，这可以帮助用户快速学习新产品的界面和操作，减少时间成本，将更多的注意力集中在任务上，统一的知识元素会使用户学习起来更加容易，产生愉悦、轻松的使用体验。例如，开发一款支付软件，用户在使用软件之前已经接触过类似的支付界面，有一定的支付经验，那么我们可以使用相同或类似的名称来为相关操作命名，在界面中使用相似的图标，使用户快速明白这个操作命令的含义，减少学习成本，如图 1-15 所示。

图 1-15　不同产品的收付款图标

在功能相似的软件产品中，使用风格统一的外观、字体和手势来表达相同的功能或信息。统一的外观和元素使界面控件一致，更加便于用户理解。统一的字体要求保持形式和颜色的统一，通过字号突出重点内容，确保版式设计的整体性。统一的手势是指在移动设备中使用手势执行操作命令，如调节音量、调节亮度、暂停/播放等时，保持手势一致，减少用户的学习成本，如图 1-16 所示。

图 1-16　PC 端（上）和移动端（下）的音量控件

1.4.2　简洁美观原则

随着软件智能化的发展，软件的功能越来越多，UI 设计师需要在简洁美观和功能开发之间找到平衡点。简化冗杂的元素和信息，呈现简单、直接、美观的交互界面，帮助用户快速找到目标功能。例如，在阅读软件中，通过简化提示信息和利用手势图或箭头，配合简单的文字说明，以简洁、直接的方式说明操作命令和功能，引导信息示例如图 1-17 所示。

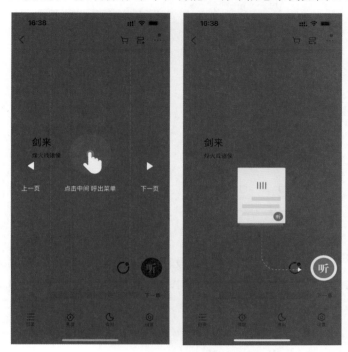

图 1-17　引导信息示例

1.4.3　布局合理原则

在 UI 设计中，考虑布局的合理化问题时，通常遵循简化的原则，将各个元素合理布局并分层次排布。不常用的功能区域可以隐藏，常用的功能应放在显眼的位置，以提高软件的易用性。

在元素布局上，UI 设计师需要考虑用户的使用习惯、视觉流向、元素排版和交互习惯等方面。具体需要遵循以下几种习惯。

（1）遵循用户的使用习惯，按照用户自上而下、从左到右、由图到文的浏览喜好进行布局。不要过于分散地排列元素，尤其是同一类别的功能按钮应该紧密排列，以便用户操作。

（2）在设计页面时，确认/确定按钮应放在页面左边，取消/关闭等按钮应放在页面右边。这符合用户的一般交互习惯。

（3）根据用户手指的移动习惯，尽量避免出现横向滚动条，以提供更便利的操作体验。

合理的布局设计可以使用户更轻松地使用软件，提升软件的易用性和可用性。MOOC 和马蜂窝的布局如图 1-18 所示。

图 1-18　MOOC（左）和马蜂窝（右）的布局

这些基本原则可以指导 UI 设计，但 UI 设计师也要根据具体的项目需求和用户群体做出适当的调整和变化。UI 设计师应关注用户需求和体验，持续改进和优化 UI 设计，努力打造出符合用户期望的高质量 UI。

1.5　UI 设计的常用工具

随着技术的不断进步，UI 设计工具也在不断演变和改进，为 UI 设计师们提供更加强大和智能的功能。从设计工具到原型工具，再到图形编辑工具和颜色管理工具，这些 UI 设计工具的存在不仅提供了各种设计要素和资源，还能帮助 UI 设计师将自己的想法转化为令人惊叹的 UI 和交互效果。

1.5.1　UI 设计工具

Adobe XD、Sketch 和 Figma 是 UI 设计非常常用的工具。它们提供丰富的设计功能，包括界面布局、图形编辑、原型制作、交互动效等。

1. Adobe XD

Adobe XD 是一款功能强大、跨平台的 UI/UX 设计和原型制作工具。它提供了丰富的设计工具和交互功能，如界面布局、矢量绘图、重复网格、自动动画等。UI 设计师可以使用 Adobe XD 创建交互式原型，设计多个界面，并进行实时协作，Adobe XD 的操作界面如图 1-19 所示。

图 1-19　Adobe XD 的操作界面

2. Sketch

Sketch 是 macOS 平台上一款专为 UI 设计师开发的矢量设计工具。它提供了直观的操作界面，简化了工作流程，使 UI 设计师可以快速创建界面设计和交互原型。Sketch 特别擅长创建可重复使用的符号库，方便 UI 设计师保持一致的设计风格，Sketch 的操作界面如图 1-20 所示。

图 1-20　Sketch 的操作界面

3. Figma

Figma 是一款基于云的协作设计工具，可以在任何操作系统上运行。它提供了与 Adobe XD 和 Sketch 类似的设计功能，同时支持实时协作和版本控制。UI 设计师可以轻松地与团队成员共享设计文件并进行协作编辑。Figma 因其轻量化设计，目前已经成为 UI 设计的主流工具，Figma 的操作界面如图 1-21 所示。

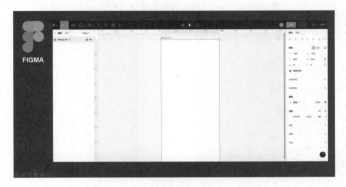

图 1-21　Figma 的操作界面

1.5.2 图形编辑工具

Adobe Photoshop 和 Adobe Illustrator 是常用的图形编辑工具，可以创建和修改各种图形元素和图标，为 UI 设计提供必要的视觉效果。

1. Adobe Photoshop

Adobe Photoshop 是业界非常知名且使用广泛的图形处理工具之一。它提供了丰富的工具和功能，能够进行图像编辑、合成、修饰、调色等。UI 设计师可以使用 Adobe Photoshop 创建和修改界面元素，调整颜色和光影效果，以及进行图像修饰、切片和导出等操作，Adobe Photoshop 的操作界面如图 1-22 所示。

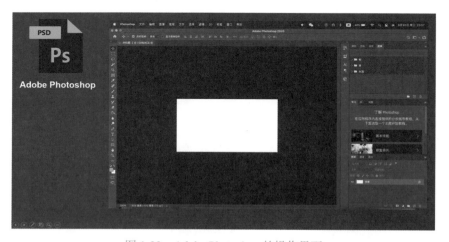

图 1-22　Adobe Photoshop 的操作界面

2. Adobe Illustrator

Adobe Illustrator 是矢量图形处理工具，专注于创建和编辑可无损放大的矢量图形。它提供了各种绘图工具，以及路径编辑、形状和图形效果等功能，可以用于设计图标、Logo、插图和界面元素等。UI 设计师可以使用 Adobe Illustrator 创建矢量图形，保持设计的清晰度和可扩展性，Adobe Illustrator 的操作界面如图 1-23 所示。

图 1-23　Adobe Illustrator 的操作界面

1.5.3　设计资源库

设计资源库提供了大量的 UI 元素、模板和图标，可以加快设计速度。一些流行的设计资源库包括站酷、花瓣网、Dribbble、Behance、Iconfinder、Flaticon 等。

这些设计资源库可以帮助 UI 设计师在 UI 设计过程中更高效地工作，并提供所需的功能和效果。具体使用哪些设计资源库还取决于个人喜好和项目需求。

1.6　学习反思

1.6.1　项目小结

本项目详细介绍了 UI 设计的概念及分类、UI 设计的行业现状、UI 设计的工作流程、UI 设计的基本原则和 UI 设计的常用工具。学习本项目后，读者已经对 UI 设计有了初步的认识，了解了 UI 设计在产品开发流程中的位置，清楚 UI 设计师的基本工作内容及所需工具。

1.6.2　知识巩固

1. 思考

（1）什么是 UI 设计？

（2）UI 设计上下游的工作内容是什么？

（3）UI 设计的主要工作内容有哪些？

（4）常用的 UI 设计工具有哪些？

2. 动手

（1）选择 1 款自己常用的 App，分析它所运用的 UI 设计原则。

（2）在手机应用市场下载、安装 2～6 款不同的 App 并进行操作体验，分别谈谈你对这些 App 的感受。

项目 2

了解 UI 设计的基本知识

项目导读

在实际工作中，UI 设计师的工作不是天马行空的，而是有一定的章法和规范指导的。本项目将基于 UI 设计的大量案例对 UI 设计的基本知识进行介绍，包括基本分类、基本框架、界面布局及平台规范等知识。

学习指南

学习指南			
	知识目标	技能目标	素质目标
学习目标	1. 了解 UI 的基本分类。 2. 了解 UI 的基本框架。 3. 熟悉 UI 常见的布局方式	1. 能够掌握 UI 设计平台的规范。 2. 能够根据产品需求选择合适的界面布局	1. 培养学生以理性精神为核心的科学精神。 2. 培养学生的规则意识。 3. 培养学生与时俱进的时代精神
知识巩固	1. 尝试使用 Figma 绘制一份 iOS 和 Android 系统的基本框架图。 2. 尝试使用 Figma 绘制两款常用 App 的首页布局图		

2.1 基本分类

UI 需要综合考虑交互方式、版式布局、颜色搭配等因素。本节将对 UI 的启动页、闪屏页、引导页、首页、详情页、个人中心页等进行系统讲解。

2.1.1 启动页、闪屏页和引导页

用户在打开应用程序时，总会看到一些一闪而过的静态或动态页面，这些页面其实就是启动页、闪屏页或引导页，那么这些页面到底有什么区别呢？

1. 启动页

启动页是应用程序启动后首先展示给用户的页面，即用户打开应用程序后，屏幕显示的第一个页面。启动页一般是一张静态图片或几秒钟的动画，主要作用是提供品牌信息、加载应用程序及提供用户等待的提示信息。启动页的停留时间一般不超过 3 秒，之后会自动过渡到应用程序的主界面，如图 2-1 所示。

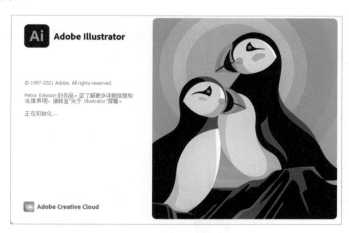

移动端（支付宝）　　　　　　　PC 端软件（Adobe Illustrator）

图 2-1　启动页

2. 闪屏页

闪屏页又被称为开机广告，主要针对移动端 App，在 App 启动后展示给用户，通常在主界面出现之前显示。闪屏页一般以图片、视频或动画的形式展示，可以是静态的，也可以是动态的。闪屏页主要用于产品运营和推广，分为品牌展示型、广告宣传型、节日关怀型等。闪屏页可以设置"跳过"按钮，允许用户快速跳过该页面，如图 2-2 所示。

品牌展示型　　　　　　　广告宣传型　　　　　　　节日关怀型

图 2-2　闪屏页

3. 引导页

引导页是为了引导用户使用产品而设计的页面，通常在用户首次使用产品时显示。引导页以文字、图片或视频等形式，向用户介绍产品的功能、操作方式及使用注意事项等，一般会包含 3～5 个页面。设置引导页的目的是帮助用户快速了解产品的特点和操作方式，从而使用户更好地使用产品。引导页可以分为功能介绍型引导页、使用说明型引导页、情感共鸣型引导页。

（1）功能介绍型引导页：主要介绍应用程序的新功能或新特性，通过简洁明了的文字和图形解释功能及其使用方法。功能介绍型引导页能够让用户快速了解新功能的特点，并激发用户的兴趣，如图 2-3 所示。

图 2-3　功能介绍型引导页

（2）使用说明型引导页：主要对用户在使用产品过程中可能会遇到的问题、误解、不清楚的操作提前进行告知或解释。使用说明型引导页通过简单的图示或文字说明，帮助用户理解产品的使用方法，提高用户的使用体验，如图 2-4 所示。

图 2-4　使用说明型引导页

（3）情感共鸣型引导页：主要通过情感化的设计，传递产品的态度和价值观，引起用户的情感共鸣，让用户对产品产生初步的好感和兴趣，如图 2-5 所示。

图 2-5　情感共鸣型引导页

2.1.2　首页

首页又被称为起始页，是大多数 App 承载信息的入口，是信息汇集的地方。首页起着流量分发、用户行为转换的作用。UI 设计师需要对首页的信息层级结构进行合理设计，既要简单明了，又要在有限的空间中理顺各部分的内容和逻辑关系，切忌信息堆砌，避免造成信息过载。

1. 移动端 App 首页

大多数 App 的主界面会显示"首页"字样，小部分则是与 App 主功能相关的词语，但同样汇集了信息。根据 App 的设计理念和功能需求，首页可以细分为列表型首页、图标型首页、卡片型首页、综合型首页。

（1）列表型首页：以列表形式展示各类内容模块，模块可以按照时间、类型、关注度等不同方式排序，通常有搜索框和导航栏。这种首页简洁明了，用户可以快速找到所需的内容，如图 2-6 所示。

（2）图标型首页：以图标形式展示主要功能模块，图标通常配合文字说明，点击后可以跳转到相应功能页面。这种首页简洁大方，突出重点功能，用户可以快速了解应用的主要功能，如图 2-7 所示。

（3）卡片型首页：卡片型首页是在页面上将图片、文案、操作按钮等信息排版在同一张卡片中，再将卡片进行分类展示。卡片的形式能让分类中的操作按钮和展示信息紧密关联，让内容更加一目了然，同时有效地加强内容的可点击性，如图 2-8 所示。

QQ   QQ 邮箱   微信通讯录

图 2-6   列表型首页

天天 P 图   百度网盘   喵喵机

图 2-7   图标型首页

花瓣   微信读书   小红书

图 2-8   卡片型首页

（4）综合型首页：综合了列表型首页、图标型首页和卡片型首页等多种设计元素，通常有搜索框、导航栏、主要功能图标和使用列表展示的内容模块等。综合型首页丰富多样，可以满足用户多样化的需求，也方便用户快速找到所需内容，如图 2-9 所示。

盒马鲜生　　　　　　　　　淘宝　　　　　　　　　朴朴超市

图 2-9　综合型首页

除了以上几种分类，还有个性化定制的首页，UI 设计师可以根据具体的应用场景和用户需求进行设计。总的来说，App 首页应该根据 App 的特点和用户需求来设计，以提升用户体验和满意度。

2. PC 端网页首页

在网站建设过程中，网站首页大致分为索引型首页、综合型首页、个性化首页。

（1）索引型首页：索引型首页以一系列有组织的索引链接为主要特征，通过列表、方格或图标呈现页面或主题，使用户能够直观、简洁地了解网站的内容结构和导航选项。用户可以快速访问感兴趣的页面，减少翻页或单击次数，提高效率。索引型首页适用于内容丰富、层次结构复杂的网站，但在维护和更新方面可能面临挑战。即使如此，它仍具有视觉吸引力强和导航多样性的优势。在设计索引型首页时需要根据具体需求和用户行为做出权衡，如图 2-10 所示。

（2）综合型首页：为了让用户快速了解和探索网站的内容，有些网页会采用综合型首页。综合型首页通常会把网站的核心功能和主要内容一并展示出来，如栏目、模块、提要、图片、服务、活动、快捷入口等，以减少用户在不同页面之间的切换，提高用户的满意度和参与度。综合型首页的设计目标是为用户提供一个集中访问不同信息和功能的平台，以提升用户体验，使用户操作更加便利，如图 2-11 所示。

图 2-10　索引型首页

图 2-11　综合型首页

（3）个性化首页：个性化首页是一种针对用户个人偏好和兴趣进行定制的网页设计形式。通过收集和分析用户的历史行为、喜好和偏好，个性化首页能够呈现个性化定制的内容，比普通类型的网页更具有吸引力。这种设计形式可以提供更加个性化、定制化的用户体验，增加用户留存时间和参与度，如图 2-12 所示。

图 2-12　个性化首页

2.1.3　详情页

在 UI 设计中，详情页主要用于展示特定产品、服务或内容的详细信息。用户可以通过点击或选择相应元素来进入详情页，以获取更详尽的信息。详情页通常具有独立的布局和设计，包含丰富的文本、图像、视频和交互元素。好的详情页设计应注重信息的结构和组织方式，以提供直观易用的操作方式。详情页可以帮助用户全面了解详细信息并做出决策或参与进一步互动。设计良好的详情页可以提升用户体验和参与度，促进用户的互动和内容的转化。

详情页是流量分化的重要页面，一般可以将详情页可以分为电商类详情页、资讯类详情页、音视频类详情页。

（1）电商类详情页：在电商类应用中，详情页的主要功能是展示产品的卖点，是用户查看产品是否符合自己需求的页面。这类详情页的设计目的是引导用户购买产品，因此引导用户购买产品的按钮需要在页面上显而易见，色彩上尽可能明亮活泼，激发用户购买产品的欲望，如图 2-13 所示。

移动端（京东）　　　　　　　　　　　　　　PC 端（淘宝）

图 2-13　电商类详情页

（2）资讯类详情页：在资讯类应用中，详情页的主要功能是使用户浏览图文信息，获取新闻资讯。当用户在首页看到文章标题时，点击进去的页面就是详情页。为了方便用户快速读取和浏览信息，这类详情页在设计布局上需要层级逻辑分明，图文信息明确，如图 2-14 所示。

（3）音视频类详情页：在音视频类应用中，详情页主要用于展示音乐或视频，其主要功能包括播放、评论、推荐相关内容、点赞、关注等。为了让用户沉浸式体验音视频，一般在详情页可以全屏显示当前正在播放的内容，如图 2-15 所示。

移动端（国家反诈中心）　　　　　　　　　　　PC 端（潮新闻）

图 2-14　资讯类详情页

移动端（网易云音乐）　　　　　　　　　　　PC 端（哔哩哔哩）

图 2-15　音频类详情页

2.1.4　个人中心页

　　个人中心页是承载和集合用户个人信息数据的功能页面，为了保护用户隐私信息，仅用户本人可以查看此页面。个人中心页是大部分应用程序或网站需要设计的页面，其主要功能是显示用户信息，建立个人形象，展示用户个性，用户可以编辑和查看自己的信息。

　　个人中心页在一般应用中显示的文字为"我的"，通常设计在页面的底部菜单栏的右侧，其基本组成元素有用户基本信息、个人资料及其他相关功能等。个人中心页是个人信息及与个人信息相关的功能的入口，一般叫作"我的"或"我"，这个页面仅本人可以查看。在社交应用中，除了个人中心页，还有个人主页，设计这两种页面的目的有所区别。个人中心页是属于个人的页面，仅供个人编辑和查看，是用户本人账号的页面，如图 2-16 所示；个人主页具有社交属性，通过个人主页，用户可以进行关注、私信等操作，一般展示用户本人发布的动态、个人账户数据等信息，其他用户可以查看，如图 2-17 所示。

移动端（得物）　　　　　　　　　　PC 端（百度）

图 2-16　个人中心页

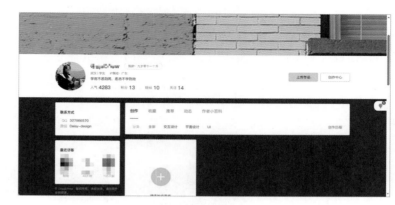

移动端（咸鱼）　　　　　　　　　　PC 端（站酷）

图 2-17　个人主页

2.2　基本框架

在移动端界面中，基本框架包含状态栏、导航栏、内容区域、标签栏等。在 PC 端界面中，基本框架包括导航区域、内容区域、底部网页标识与版权区域，如图 2-18 所示。

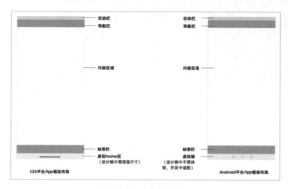
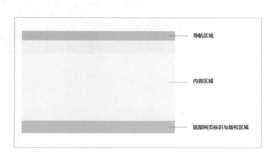

移动端界面基本框架　　　　　　　　　　PC 端界面基本框架

图 2-18　UI 的基本框架

2.2.1 状态栏

状态栏位于移动端或 PC 端设备屏幕的顶部或底部，具有形式稳定的特点。其功能和作用是让用户快速了解设备的状态，展示设备的详细信息。移动端状态栏的基本组成元素有网络信号、电池电量、时间、运营商等，如图 2-19 所示。PC 端状态栏的基本组成元素有时间、输入法、音量、网络、电池、系统托盘及运行程序图标等，如图 2-20 所示。

图 2-19　移动端状态栏

图 2-20　PC 端状态栏

PC 端状态栏的风格布局较为固定，不会随着网页或应用程序的变化而变化。移动端状态栏的设计风格常与界面风格融为一体，将导航栏的颜色延伸至状态栏，使整体界面风格统一，如图 2-21 所示。此外，为了给用户带来沉浸式的体验，有时也会将状态栏暂时隐藏。阅读类 App、影视类 App 等有时需要全屏观看内容，为了让状态栏不影响阅读和观感，会将状态栏隐藏，释放更大的观看空间，但要确保用户在点击屏幕时可以重新显示状态栏及相关的控件，例如，爱奇艺在全屏播放时隐藏状态栏，如图 2-22 所示。

图 2-21　风格统一的状态栏

图 2-22　爱奇艺在全屏播放时隐藏状态栏

2.2.2 导航栏

导航栏可以指导用户操作、显示时间。对移动端来说，导航栏位于状态栏之下，应用程序界面的顶部，如图 2-23 所示。对 PC 端来说，导航栏位于网页的顶部，如图 2-24 所示。

图 2-23　移动端导航栏

图 2-24　PC 端导航栏

1. 导航栏的作用

导航栏能够提供清晰的导航路径，帮助用户快速找到所需内容。导航栏的主要作用如下。

（1）定位：导航栏可以使用户清楚了解自己的位置。

（2）导航：导航栏提供离开当前页面的出口，即返回上级或快速跳转到其他页面，如标签页、抽屉式导航或其他导航选项。

（3）全局操作：导航栏中通常包含一些全局操作按钮，如搜索、分享、编辑等，方便用户快速执行这些操作。

（4）增加品牌曝光度：导航栏可以放置品牌的标志或口号，增加品牌的曝光度。

（5）解释页面当前状态：在页面转换过程中，导航栏可以显示加载状态，或在表单提交后显示成功或错误信息，为用户提供及时的反馈。

不是所有页面都必须有导航栏，设计导航栏一方面是网页或应用程序想要为用户提供更多信息，另一方面是网页或应用程序需要给用户提供沉浸式的使用体验。因此，有时候需要弱化或隐藏导航栏，以使用更大的页面空间来展示主要信息。

2. 导航栏的样式

由于交互方式的限制，PC 端导航栏基本上都是由标题栏和搜索框组成的综合性导航栏，如图 2-25 所示。而移动端常见的导航栏布局形式是左中右结构，主要由关键操作按钮（左）、标题（中）、辅助操作按钮（右）三部分组成，移动端不同类型的导航栏如图 2-26 所示。

图 2-25　PC 端综合性导航栏

标题导航栏　　　　　　　　　　　　　　　　搜索导航栏

图 2-26　移动端不同类型的导航栏

标签导航栏　　　　　　　　　　　　　　　　通栏导航栏

图 2-26　移动端不同类型的导航栏（续）

（1）标题导航栏：标题导航栏是非常常用的一种，由标题和操作按钮组成。布局形式既可以是左中右形式，也可以是左右形式，根据页面需求灵活调整，常用于二级详情页或一级导航栏的简单页面。

（2）搜索框导航栏：在标题导航栏的基础上添加一个搜索框并替代标题。宽度随其他功能图标的数量而定，如果图标数量较多，那么可以将搜索框放在第二行，如果没有特别需要，那么尽量将搜索框整体居中，让两侧的间距相等或两侧的图标数量相同，以提升美观度。

（3）标签/分段控件导航栏：当信息内容类型较多时，为了方便用户分类点击内容，通常将导航栏进行分类，包括分段控件和标签导航。两者的区别是分段控件通常包含 2~5 个标签，直接点击即可进行内容切换，不支持左右滑动，常用于新闻类、理财类等应用程序，如图 2-26 所示。标签导航适用于内容分类较多的应用程序，用户可以通过左右滑动来查看更多内容，常用于娱乐类、社交类等应用程序。

（4）通栏导航栏：通栏导航栏可以应用在上述导航栏类型中的任何一种中，它与 Banner 的内容融为一体，在背景色彩、图片处理上没有明显的分割，一般应用于电商类应用程序中，起到宣传活动、渲染氛围的作用。

2.2.3　内容区域

内容区域是指屏幕中间的区域，用于显示应用程序的主要内容。在内容区域中，UI 设计师可以根据需要使用不同的布局和元素，以满足应用程序的需求。在 PC 端网页设计中，内容区域通常包括标题、文本、图片、视频等元素，如图 2-27 所示。

在移动端应用程序的设计中，内容区域可能会根据屏幕尺寸和设备类型进行调整，以满足用户的使用习惯和需求。内容区域主要由金刚区和瓷片区组成。

1. 金刚区

金刚区又被称为快速功能入口，是 UI 的核心功能区，常位于导航栏或 Banner 之下，有产品功能导航和业务导流的作用。金刚区由各类业务板块组成，通常会根据业务类型的变更进行灵活调整。例如，淘宝 App 首页的金刚区会根据产品业务目标、节日活动的变化进行灵活调整，以宫格形式排列，图层展示个数为 4~10 个，如图 2-28 所示。金刚区多设计为 1~

3 行图标，单行的图标数量应尽量控制在 4～5 个，一般使用"图形+文字"或"图片+文字"的形式。

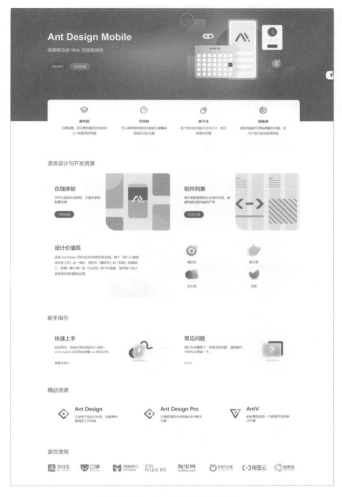

图 2-27　PC 端的内容区域

图 2-28　金刚区

（1）图形+文字："图形+文字"是金刚区非常常用的一种形式，通过图形的可识别性，可以准确表达业务功能信息，如图 2-29 所示。

（2）图片+文字："图片+文字"是金刚区较常用的一种形式，具有视觉感染力强的特点。图片通常以典型实物产品为主，每个品类使用单独一张实物图片或配有背景图形的图片来表示。但因目标业务功能的更换，商品需要实时更换，用户需要花时间形成新的视觉习惯，经常需要使用文字信息辨别入口，如图 2-30 所示。

图 2-29　"图形+文字"形式的金刚区

图 2-30　"图片+文字"形式的金刚区

金刚区的布局通常为上下结构，且上图下文，如图 2-31 所示。

图 2-31　金刚区的布局

2．瓷片区

瓷片区通常位于金刚区之下，底部标签栏之上。瓷片区的作用是展示产品的促销内容、限时任务等，引起用户的注意，吸引用户点击，从而提高产品转化率。瓷片区多使用卡片的形式，卡片内容以图文结合的形式进行排版，卡片的大小可以根据内容进行调整。因为在视觉上像一张张瓷片粘贴在面上，所以被称为瓷片区，它经常被应用于电商类应用程序的界面中。瓷片区通常以实物图片或插图插画的形式展示。

（1）实物图片类瓷片区：实物图片类瓷片区以"产品实物图片+产品文案"的形式展示信

息。其优点是可识别性强、利用率高、直观性强、设计效率高。缺点是对实物图片的视觉质量要求高。一般在对购买的产品服务要求有较为真实的体验的应用程序中使用，如外卖类、旅游类、酒店类、电商类等应用程序，如图 2-32 所示。

（2）插图插画类瓷片区：插图插画类瓷片区以"插画+文案"的形式展示信息。其优点是趣味性高、风格突出、视觉效果更好。缺点是一张插画对应一个产品或服务，复制性弱，含义表达委婉。这类瓷片区一般适用于偏概念型的产品，当产品有多重含义融会在一起时，可以使用插图插画的形式来表达，营造意境感较强的概念场景，如金融类、虚拟产品类、设计类、科技类等应用程序，如图 2-32 所示。

实物照片类瓷片区

插图插画类瓷片区

图 2-32　不同类型的瓷片区

瓷片区的表现形式多以矩形的卡片为主，因此经常使用宫格式布局。宫格式布局又可以分为整齐布局和灵活布局。整齐布局是指每张卡片的尺寸大小一致，整齐且有严格的排列顺序，特点是视觉上较为均衡。灵活布局是指每张卡片的尺寸大小不一致，根据内容的重要性进行大小调整，以此突出核心模块，如图 2-33 所示。

整齐布局　　　　　　　　　　　　　　　　　　　灵活布局

图 2-33　瓷片区布局

2.2.4　标签栏

标签栏（TabBar）也被称为底部导航栏、底部 Tab 栏、底部导航等，是移动端应用程序中非常常用的 UI 元素之一。标签栏和导航栏的位置和功能不同，导航栏一般位于界面的上方，标签栏一般位于界面的下方，通常会出现在应用程序界面的底部，承载着优先且使用频率高的功能模块，可以让用户在不同功能界面之间快速切换，快速访问所需的页面，如图 2-34 所示。网页目前没有特定的标签栏。

1．标签栏的作用

标签栏在 UI 中起到导航、分类、统一风格等多种作用，可以帮助用户更快地进行页面切换和功能操作。

（1）让导航逻辑清晰：标签栏可以作为应用程序中的导航工具，让用户可以快速切换和访问不同的功能模块或页面。

（2）让内容分类有序：标签栏可以组织内容并将其划分为合理的部分，使用户在有限的空间中切换页面而不会显得杂乱。

（3）让视觉风格统一：标签栏可以使用户确定页面内容的优先次序，了解重点页面的功能。

图 2-34　标签栏

2．标签栏的样式

根据具体的设计要求和风格，可以将标签栏分为图标型标签栏、文字型标签栏和"图标+文字"型标签栏三大类。

（1）图标型标签栏：仅使用图标表示不同的标签，通常适用于已经很熟悉的 UI，可以节省空间并提供简洁的导航。纯图标型的标签栏一般适用于较为年轻化且小众清新的产品，整体风格较为清新简洁，用户群体更文艺、追求潮流，这类用户群体心智模型的建立已相对完善，用户通过图形化的标签也能快速定位目标功能模块或页面，如图 2-35 所示。

图 2-35　图标型标签栏

（2）文字型标签栏：仅使用文字表示不同的标签，适用于需要更明确的标签描述或多语言支持的场景，其特点是简单易用、直观明了。通过去图标化降低用户对标签栏的注意力，让用户更关注内容本身，如图 2-36 所示。

图 2-36　文字型标签栏

（3）"图标+文字"型标签栏："图标+文字"型标签栏同时使用图标和文字，提供了更全面和直观的标签导航方式，可以帮助用户更好地理解和选择标签，是目前非常常见的组合方式，这种形式的受众面较广，形式更加标准，如图 2-37 所示。

图 2-37　"图标+文字"型标签栏

3. 标签栏的设计原则

标签栏的设计遵循一致性、可识别性、状态可见性和保持品牌感等设计原则。在实际工作中，UI 设计师还需要根据具体的应用场景、目标用户群体和品牌风格进行进一步的定制和优化。

（1）一致性原则：标签栏的设计风格、图标和文字的间距、交互方式均需保持一致，尽量遵循用户已经熟悉的界面模式和约定，以提供一致的用户体验和可预测的界面操作。

（2）可识别性原则：标签应该使用清晰易懂的文字或图标，以便用户能够快速识别和理解各个标签的含义。使用的图标需要有大众认知基础，并且样式尽量与页面内容相对应。

（3）状态可见性原则：选中状态和未选中状态需要进行差异化设计，方便用户知道是否选中图标。

（4）保持品牌感：图标的设计应适当与品牌形象、图形、IP、色彩等元素相结合，体现产品品牌。

2.3　界面布局

在有限的页面空间中往往需要展示很多信息，好的界面布局不仅可以提升用户的观感，增强界面的视觉效果，还能实现有效信息的传播，达到产品开发的目的。界面的布局形式主要分为宫格式布局、卡片式布局、列表式布局、侧拉式布局、混合式布局等。

2.3.1　宫格式布局

宫格式布局又被称为网格式布局，它是应用程序中非常常见的布局方式，通常以纵横等分的形式进行排列，一般用于展示网页，或者应用程序的功能或分类。

宫格式布局常在展示核心功能的页面、中心页面、系列工具入口页面等中使用，特点是方便用户快速查找功能入口，扩展性好，便于组合不同类型的信息，其案例如图 2-38 所示。

移动端（微信读书）　　　　　　　　PC 端（站酷网）

图 2-38　宫格式布局案例

2.3.2 卡片式布局

卡片式布局是将需要展示的信息合理排版在卡片中，每个卡片都可以独立地进行操作和交互，卡片的尺寸大小可以根据展示的信息而调整。特点是卡片承载的信息量大，点击率高，每张卡片可以独立操作。卡片式布局通常适合在内容单一的浏览型展示界面中使用，其案例如图 2-39 所示。

移动端（得物）　　　　　　　　　　　　PC 端（花瓣网）

图 2-39　卡片式布局案例

2.3.3 列表式布局

列表式布局是以纵向列表的形式展示各项功能的。特点是列表的纵向功能数量无限制，用户通过上下滑动可以查看更多内容；视觉线从上而下，自然顺畅；信息层级分明，易于浏览。列表式布局是非常经典的布局形式，通常应用于通讯、电商、新闻自媒体、应用下载等应用程序界面或信息聚集的网页中，其案例如图 2-40 所示。

移动端（央视新闻）　　　　　　　　　　PC 端（设计导航网）

图 2-40　列表式布局案例

2.3.4　侧拉式布局

使用侧拉式布局，分类界面没有占据整个屏幕，而是位于屏幕的左侧或右侧，其案例如图 2-41 所示。这种布局形式仅显示一级内容，用户可以通过点击一级标题查看二级内容。侧拉式布局的优点是最大化利用空间，让用户聚焦于内容，在交互上更加友好。侧拉式布局主要在移动端使用，PC 端较少使用。

网易云音乐

豆瓣

图 2-41　侧拉式布局案例

2.3.5　混合式布局

混合式布局一般会同时使用多种布局方式来呈现页面内容，如卡片式布局、宫格式布局、栅格布局等。混合式布局可以提供更灵活、多样化的设计效果，突出重点内容，提供信息层次结构，并增强页面的可交互性。根据具体的设计需求和目标，UI 设计师可以结合不同的布局形式，创造出独特而富有吸引力的界面，其案例如图 2-42 所示。

移动端（马蜂窝）　　　　　　　　　　　　PC 端（爱淘宝）

图 2-42　混合式布局案例

2.4　平台规范

目前移动端主要有三大平台，分别为 HarmonyOS、iOS 和 Android，为了让同一平台不同产品间的用户体验基本保持一致，也为了节省 UI 设计与开发的成本，三大平台均给出了相应的设计规范或设计指南，如《HarmonyOS 通用设计指南》、《iOS 设计规范》和《Material Design 设计规范》等。在实际工作中，这些规范和指南具有一定的指导作用，具体在不同产品中，还需要设计部门单独编写相关设计规范或设计指南。因此，本项目主要介绍三个平台当前的基本设计规范。PC 端没有较为明确的设计规范，因此本节主要介绍移动端的设计规范。

设计规范或设计指南的作用有以下几点。

（1）保持产品风格的统一。一个完整的互联网产品项目的视觉界面少则几十张，多则几百张，一般由多人协作完成，基于设计规范或设计指南进行制作可以保证产品界面在视觉上的一致性。

（2）提高开发与设计的工作效率。由于设计标准的制定，设计人员和开发人员可以把常用图标、组件专门制作出来并进行复用，提高工作效率。

（3）协助新人快速熟悉产品概况。团队新人可以通过设计规范或设计指南快速熟悉团队产品的风格、标准和要求，快速融入设计团队。

2.4.1　HarmonyOS

HarmonyOS 是华为自主研发的操作系统，旨在减少对外部技术的依赖，具备高度的自主可控性。HarmonyOS 不仅可以应用于移动设备，还可以应用于智能穿戴设备、智能家居设备、汽车嵌入式系统等。采用统一的代码开发模式和开放的 API 接口，开发者可以更轻松地将应用程序扩展到不同类型的设备上。

根据公开资料显示，HarmonyOS 并未对特定框架的设计尺寸提出要求，在界面尺寸方面具有较高的灵活性，允许开发者根据特定的应用需求进行设计。对于状态栏（Status Bar）、导航栏（Navigation）、主菜单栏（Submenu，Tab）和内容区域（Content）等界面元素，UI 设计师可以根据需要自行设定尺寸。

在公开的设计指南中，HarmonyOS 定义了虚拟像素单位、文字单位，提出了色彩、字体、图标插画和布局的基本规范。

1.　虚拟像素单位：vp

虚拟像素（Virtual Pixel）是一台设备针对应用而言所具有的虚拟尺寸（区别于屏幕硬件本身的像素单位）。它提供了一种灵活的方式来适应不同像素密度的显示效果。使用虚拟像素，可以使元素在不同像素密度的设备上具有一致的视觉体量，如图 2-43 所示。

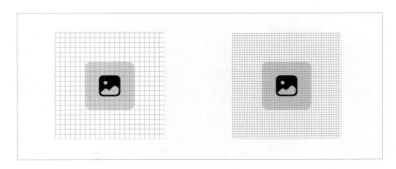

图 2-43　虚拟像素

2. 字体像素单位：fp

字体像素（Font Pixel）在默认情况下与 vp 相同，即在默认情况下 1fp=1vp，如果用户在设置中选择了更大的字体，字体的实际显示大小就会在 vp 的基础上乘以用户设置的缩放系数，即 1fp=1vp×缩放系数。

3. 色彩指南

HarmonyOS 采用宇宙蓝作为系统的主色，雪域灰作为辅助色。根据人因研究，对蓝色的接受度无论是在男性还是女性群体中，比例都是最高的，并且对于大多数色觉障碍人士，蓝色依然可以被辨识，这满足了 HarmonyOS 为障碍人群而设计的要求。在自然界中，没有绝对的黑和绝对的白，以带有淡蓝色相的雪域灰作为卡片界面的背景颜色可以烘托界面的纯净感，如图 2-44 所示。

宇宙蓝主题色值及使用场景

雪域灰辅助色值及使用场景

图 2-44　HarmonyOS 色彩指南

4．字体指南

通过用户研究，综合考量不同设备的尺寸、使用场景等因素，HarmonyOS 推出了系统默认的字体——HarmonyOS Sans。该字体重新设计了汉字笔画，在短笔画中保持横平竖直，简约无装饰，在撇、捺、弯钩等长笔画中融入书法的笔势美学，带来全新的视觉感受，如图 2-45 所示。

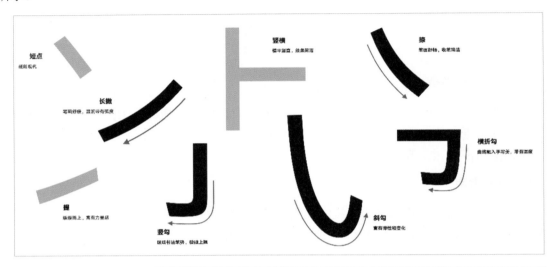

图 2-45　HarmonyOS Sans 新笔画及字号层级

5．图标指南

HarmonyOS 系统图标主要运用几何图形塑造，以此来精简线条的结构。避免尖锐直角的使用，带来亲近、友好的视觉体验，HarmonyOS 系统图标的样式如图 2-46 所示。

HarmonyOS 系统图标以 24vp 为标准尺寸，中央 22vp 为图标主要绘制区域，上下左右各留 1vp 作为空隙，HarmonyOS 系统图标的尺寸如图 2-47 所示。

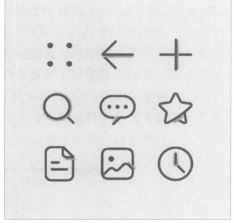

图 2-46　HarmonyOS 系统图标的样式

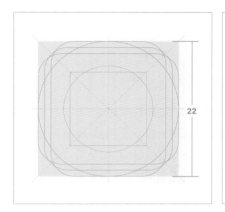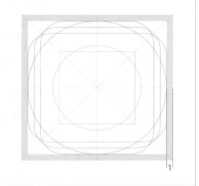

图 2-47　HarmonyOS 系统图标的尺寸

2.4.2　iOS

iOS 是苹果公司为 iPhone、iPad 和 iPodTouch 等移动设备开发的操作系统。它以简洁、直观的 UI，高度的安全性和稳定性，以及庞大的应用生态系统而闻名。iOS 的设计规范定义了使用该操作系统的不同产品的界面及框架尺寸、图标尺寸和字体规范等。

1. 基本术语

在了解 iOS 不同尺寸之前需要先了解几个基本术语：px（像素）、物理像素、pt（点）、逻辑像素和倍率。

（1）px（像素）：像素是用于衡量数字图像、显示器和屏幕分辨率的单位，表示图像中的最小色彩单元。

（2）物理像素：物理像素是显示设备上的最小可见点，是设备硬件上真实存在的像素。屏幕上的每个物理像素都可以独立控制颜色和亮度。物理像素决定了屏幕的分辨率和显示的清晰度。相同物理尺寸的设备，物理像素越高，屏幕就越清晰。例如，iPhone 11 和 iPhone 14 都是 6.1 英寸，但 iPhone 11 的物理像素是 828px×1792px，而 iPhone 14 的物理像素是

1170px×2532px，因此 iPhone 14 的显示更加清晰。

（3）pt（点）：pt 是相对单位，它并不与屏幕的实际物理尺寸直接对应，而是基于屏幕的像素密度（设备每英寸所能容纳的像素数）进行缩放。

（4）逻辑像素：逻辑像素是用于衡量软件界面的单位，用 pt（点）来表示，它是在软件和操作系统层面上使用的概念，如 iPhone 14 的逻辑像素是 390pt×844pt。

逻辑像素通过像素密度和像素缩放的方式与物理像素相对应。理解物理像素和逻辑像素之间的关系，UI 设计师可以有效地创建适应不同设备和分辨率的界面和图像，如图 2-48 所示。

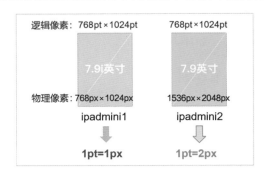

图 2-48　逻辑像素与物理像素关系理解图

注：由于技术不断发展，设备每英寸所能容纳的像素数量越来越多，所以之前的软件产品在新设备上的显示就会出现异常，为了不断适应新技术，逻辑像素被提出，它是专门用来衡量软件界面的一个抽象单位。

（5）倍率：倍率（Pixel Ratio）是指设备上物理像素和逻辑像素之间的比例关系。

倍率的存在是为了确保在不同像素密度的设备上显示相似大小和外观的界面元素。在 iOS 系统中，当像素密度为 163ppi 时，1pt=1px，也就是 1 倍率（也可以用 1x 表示 1 倍率）的关系。当 UI 设计师在 1 倍率下创建一个 10pt×10pt 逻辑像素的图像，在 1 倍率的设备上会显示为 10px×10px 物理像素，在 2 倍率的设备上会显示为 20px×20px 物理像素，而在 3 倍率的设备上会显示为 30px×30px 物理像素，如图 2-49 所示。

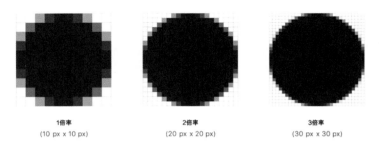

图 2-49　相同逻辑像素在不同倍率下的显示

常见的倍率如下。

1 倍率：通常用于传统的非高清显示屏，如早期的 iPhone 设备。

2 倍率：也被称为 Retina 显示屏，用于高清显示屏，如 iPhone4 及以后的设备。

3 倍率：用于更高分辨率的 Retina 显示屏，如 iPhone6 Plus 及以后的设备。

UI 设计师在输出设计稿时，需要根据实际情况输出 1 倍率、2 倍率或 3 倍率的设计图，以确保在各种设备上都能获得一致的外观和用户体验。

2. 界面及框架尺寸

为了适应不同的设备和屏幕大小，iOS 定义了不同设备的界面及框架尺寸，当 UI 设计师创建图像、图标和其他界面元素时，通常以 1 倍率为基准展开设计。在输出设计稿时可以输出 2 倍率、3 倍率的设计稿，以适应不同设备，iOS 系统界面及框架尺寸如表 2-1 所示。

表 2-1　iOS 系统界面及框架尺寸

设备	物理像素（px）	逻辑像素（pt，1 倍率）	倍率	状态栏（px）	导航栏（px）	标签栏（px）
iPhone 14 Pro Max	1290×2796	430×932	@3x	-	-	-
iPhone 14 Pro	1179×2556	393×852	@3x	-	-	-
iPhone 14 Plus，iPhone 13 Pro Max，iPhone 12 Pro Max	1284×2778	428×926	@3x	132	132	147
iPhone 14，iPhone 13，iPhone 13 Pro，iPhone 12，iPhone 12 Pro	1170×2532	390×844	@3x	132	132	147
iPhone 12 mini，iPhone 13 mini	1125×2436	375×812	@3x	132	132	147
iPhone XS Max，iPhone 11 Pro Max	1242×2688	414×896	@3x	132	132	147
iPhone XR，iPhone 11	828×1792	414×896	@2x	88	88	98
iPhone X，iPhone XS，iPhone 11 Pro	1125×2436	375×812	@3x	132	132	147
iPhone6+，iPhone 6s+，iPhone 7+，iPhone 8+	1242×2208	414×736	@3x	60	132	147

3. 图标尺寸

在设计和开发 iOS 应用程序时，为了适应不同的设备，苹果官方提供了图标尺寸规范。目前比较通用的倍率分别是 2 倍率和 3 倍率，基于不同倍率设备需要使用不同尺寸的图标，具体数值如图 2-50 所示。

同时，开发者需要为应用程序提供一个 1024px×1024px 的大尺寸版本图标，以显示在 App Store 中，应用程序大尺寸版本的图标如图 2-51 所示。

@2x (像素)	@3X (像素) 仅限 iPhone	用途
120x120	180x180	iPhone 上的主屏幕
167x167	–	iPad Pro 上的主屏幕
152x152	–	iPad、iPad mini 上的主屏幕
80x80	120x120	iPhone、iPad Pro、iPad、iPad mini 上的"聚焦"
58x58	87x87	iPhone、iPad Pro、iPad、iPad mini 上的"设置"
76x76	114x114	iPhone、iPad Pro、iPad、iPad mini 上的"通知"

图 2-50　不同倍率设备的图标尺寸

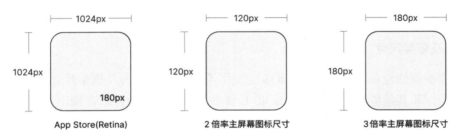

图 2-51　应用程序大尺寸版本的图标

4. 字体规范

iOS 中有几种常见的字体供 UI 设计师选择。其中，SFPro 是系统字体，适用于主要文本内容，具有多个字重和变体；SFProDisplay 适用于大标题和醒目文本；SFProText 适用于较小的文本。此外，iOS 还支持动态类型字体，用户可在系统设置中调整应用程序中的字号。UI 设计师可以根据设计需求和目标用户选择合适的字体，并正确设置字体样式和字号。iOS 中默认的字号如图 2-52 所示。

iOS、iPadOS 动态字体字号

加小号　　小号　　中号　　大号（默认）　　加大号　　加加大号　　加加加大号

大号（默认）

样式	粗细	字号 (pt)	行距 (pt)
大标题	常规体	34	41
标题 1	常规体	28	34
标题 2	常规体	22	28
标题 3	常规体	20	25
提要	中粗体	17	22
正文	常规体	17	22
标注	常规体	16	21
副标题	常规体	15	20
脚注	常规体	13	18
说明 1	常规体	12	16
说明 2	常规体	11	13

图 2-52　iOS 中默认的字号

2.4.3　Android

Android 是由谷歌（Google）公司开发的移动操作系统，被广泛应用于智能手机、平板电脑和其他移动设备。它是目前全球市场份额最大的手机操作系统。

1. 界面及框架尺寸

与 iOS 相同，为了确保 UI 在各种设备上都能获得一致的外观和用户体验，谷歌公司提出了 dp（也被称为 dip，Density-Independent Pixels）的概念，类似于 iOS 中的 pt。在 Android 中，当像素密度为 166ppi 时，1dp=1px，其倍率逻辑与 iOS 中 pt 和 px 的倍率逻辑一致。在 Android 中，同一界面在不同像素密度的设备中其设计尺寸也不同，Android 界面及框架尺寸如表 2-2 所示。

表 2-2　Android 界面及框架尺寸

像素密度名称	分辨率 px	倍率	导航栏 px（以 48dp 为例）	标签栏 px（50dp 为例）
xxxhdpi	2160×3840	@4	192	200
xxhdpi	1080×1920	@3	144	150
xhdpi	720×1280	@2	92	100
hdpi	480×800	@1.5	72	75

Android 没有规定不同设备中的框架尺寸，导航栏和标签栏通常在 48dp 到 56dp 之间，UI 设计师可以根据设计需求和设备屏幕大小进行微调，选择合适的尺寸。

2. 图标尺寸

在 Android 中，应用程序图标的尺寸需要根据导航栏、工具栏、通知栏等具体场景进行设计。保持一致的尺寸和良好的设计能够帮助应用程序在不同设备上达到最佳的外观效果，应用程序图标参考尺寸如表 2-3 所示。

表 2-3　应用程序图标参考尺寸

图标用途	mdpi(px)	hdpi(px)	xhdpi(px)	xxhdpi(px)	xxxhdpi(px)
应用图标	48×48	72×72	96×96	144×144	192×192
系统图标	24×24	36×36	48×48	72×72	196×196

3. 字体规范

为了确保文字在不同设备上具有良好的可读性和一致的外观。在 Android 中，文字采用思源黑体，英文采用 Rotobo。

在字体尺寸上引入 sp（Scaled Pixels）单位，sp 能够根据用户的首选字号进行自适应调整，以适应不同用户及设备上的字号偏好。

2.5 学习反思

2.5.1 项目小结

本项目详细介绍了 UI 设计中的界面分类、基本框架、界面布局、平台规范。学习本项目后，读者对 UI 设计的基本知识有了一定的了解，了解了 UI 设计师自由发挥和设计限制的边界，掌握了不同平台的常见术语和设计规范。

2.5.2 知识巩固

1. 思考

（1）一款 App 主要包含哪些界面？

（2）UI 设计的基本框架包括哪些内容？

（3）常见的 UI 界面布局有哪几种？

（4）绘制一个 4pt×4pt 的矩形，写出其在 1 倍率、2 倍率、3 倍率图中的像素分别是多少？

2. 动手

（1）尝试使用 Figma 绘制一份 iOS 和 Android 的基本框架图。

（2）尝试使用 Figma 绘制两款常用 App 的首页布局图（绘制线框稿即可）。

项目 **3**

>>>>>

掌握 UI 设计的风格定位

项目导读

　　风格定位的本质就是设计一套有利于竞争的视觉形象。在 UI 设计中，形成统一的设计风格不仅能给用户带来良好的使用体验，还有利于建立该产品的品牌形象。用户可以通过统一的设计风格加深对品牌的印象和认同感，同时，风格定位能够方便设计团队制定与产品相关的设计规范，减少因设计风格不同而产生的沟通成本和修改成本，从而提高设计团队的工作效率。因此，掌握 UI 设计的风格定位，是开发系列 UI 的首要工作，本项目将从风格定位的步骤开始进行详细讲解。

学习指南

<table>
<tr><th colspan="4">学习指南</th></tr>
<tr><td rowspan="2">学习目标</td><th>知识目标</th><th>技能目标</th><th>素质目标</th></tr>
<tr><td>1. 了解风格定位的基本范畴。
2. 了解风格定位的流程</td><td>1. 能够根据产品需求完成一款产品的风格定位。
2. 掌握风格定位的基本方法</td><td>培养学生积极探索、勇于创新的精神</td></tr>
<tr><td>知识巩固</td><td colspan="3">基于一款自己喜欢的 App，分析并思考其风格定位，尝试整理出该款 App 的基本色彩规范、文字规范和图标规范</td></tr>
</table>

3.1　需求分析和梳理

　　开发一款产品，确定产品的风格定位，首先需要分析和梳理需求，包括梳理产品属性、了解目标用户、竞品分析 3 个方面。

3.1.1　梳理产品属性

互联网产品属性是根据产品的性质和核心功能而定的，是在众多产品中的定位。每一款互联网产品都需要有确定的属性和核心功能，UI 设计师根据产品属性确定设计风格。因此，梳理产品属性，确定产品定位，是 UI 设计师确定设计风格的关键。

互联网产品的属性分类随着人们需求的变化而不断创新和变化。目前，互联网产品根据其属性大致可以分为社交媒体类产品、电商类产品、内容媒体类产品、工具和实用类产品、游戏娱乐类产品。

（1）社交媒体类产品：这类产品侧重于用户之间的交流、分享和社交关系建立，提供内容创作和社交互动的功能，如微信、QQ 等应用程序。其 UI 通常采用明亮、轻松和友好的色彩，注重用户头像、照片和个人资料的展示，使用易于分享、评论和点赞的设计。

（2）电商类产品：这类产品提供在线购物和交易服务，用户可以在平台上购买商品和服务，并进行支付和订单管理等操作，如淘宝、京东、拼多多等。其 UI 通常采用清晰简洁、直观易用的设计风格，重点展示商品图片、价格和购买按钮，提供多种筛选和排序功能，便于用户浏览和购买。

（3）内容媒体类产品：这类产品提供各种形式的媒体内容，如新闻、文章、视频、音频等，用户使用这类产品获取信息、娱乐和学习，如 ZAKER、演示新闻、百家新闻等。其 UI 根据内容的类型，风格多种多样，但其设计通常注重内容的呈现和分类，提供搜索、推荐和订阅等功能，以及清晰的阅读/观看界面。

（4）工具和实用类产品：这类产品提供各种实用工具和服务，帮助用户提高工作效率、解决问题及获取所需的解决方案，如美颜相机、WPS 等。其 UI 通常采用简约、整洁的设计，注重功能的可用性和操作的简易性，操作界面更直观，并提供丰富的功能选项。

（5）游戏娱乐类产品：这类产品提供多种娱乐和游戏体验，包括电子游戏、在线游戏平台、娱乐应用程序等，如王者荣耀、第五人格等。根据游戏的类型，其 UI 的风格多种多样，但通常注重游戏画面、角色和操作控制的设计，使用简洁的 UI 并注重交互。

以上是互联网产品的一些常见分类，工作上，设计团队往往会根据互联网产品的特点和定位，确定其 UI 的风格以提供最佳的用户体验。

3.1.2　了解目标用户

了解目标用户是 UI 设计中至关重要的一部分。为了实现设计的优化和创新，UI 设计师可以通过市场调研、用户画像分析、用户测试、数据分析和竞品分析等方法来了解目标用户。市场调研可以获取用户反馈和需求，建立和分析用户画像有助于直观地理解用户特点，用户测试和数据分析可以收集用户行为数据及反馈，竞品分析可以观察竞争对手的用户群体和交互行为。通过这些方法，UI 设计师能够深入了解目标用户，以便根据目标用户的需求和特点有针对性地进行设计和优化。

1. 明确目标用户

明确目标用户，即了解目标用户群体的个性、气质、行为和习惯，通过研究和分析，挖掘出目标用户与产品可能存在的共性，为风格定位奠定整体基调。例如，网易云音乐初期的定位是一群音乐发烧友，所以通过对用户气质、行为的分析，定义了网易云音乐的主题基调为红、黑的组合，如图 3-1 所示。

图 3-1　网易云音乐的主题基调

2. 建立用户卡片

明确目标用户群体，了解用户需求后，对收集的数据进行综合性分析，总结目标用户群体的核心特征和痛点，通过建立用户卡片的形式，将目标用户形象化。建立用户卡片的作用有以下几点。

（1）奠定设计基础，指导设计方向，提高设计效率。

（2）在与设计团队探讨时提供依据。

（3）方便后期制定精准的营销策略，分析用户的行为。

用户卡片的信息一般包含用户基本信息（性别、年龄、职业、所在地）、用户特征、需求场景/使用场景、关注因素、行为过程、满意度等，用户卡片示例如图 3-2 所示。

图 3-2　用户卡片示例

3. 创建用户体验旅程图

用户体验旅程图是一种可视化手段，在产品设计中扮演着重要角色。它综合了用户的需求、情绪和行为，帮助设计团队全面理解用户体验，并梳理用户旅程中的关键阶段和交互点。通过发现用户触点、行为、痛点、爽点及内心的想法，指导设计决策，以提升用户满意度。用户体验旅程图也促进了团队合作和共享共识，确保设计团队对用户的关注点和需求的认识保

持一致，使 UI 设计师能够设计出以用户为中心、令人满意的产品和服务。途家 App 用户体验
旅程图如图 3-3 所示。

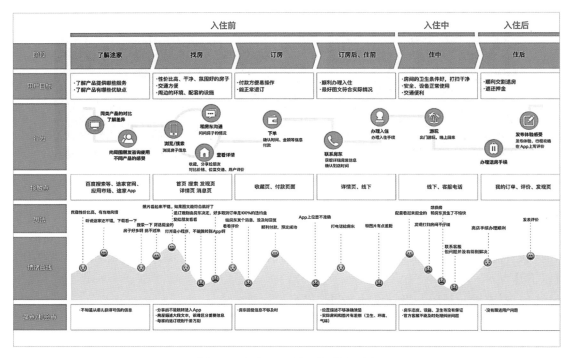

图 3-3　途家 App 用户体验旅程图

3.1.3　竞品分析

从 UI 设计的维度来看，竞品分析是对竞争对手的产品进行综合评估和比较的过程。通过
研究竞争对手的 UI 设计风格、交互模式、色彩运用、排版布局等方面，UI 设计师可以了解当
前市场上的最佳实践和趋势。竞品分析有助于 UI 设计师发现竞争对手的优点和不足，并从中
汲取灵感和教训，以提升自身设计的创新性、吸引力和用户体验。竞品分析也可以帮助 UI 设
计师确定产品在市场中的定位，进行差异化设计，以更好地满足目标用户的需求，如图 3-4 所示。

色彩运用　　　　　　　　　　　　　　　　　　　布局示例

图 3-4　竞品分析

3.2　产品风格创作

产品风格创作阶段的工作量非常大，UI 设计师需要先收集整理前期的用户调研资料、竞品分析资料、灵感资料和其他参考资料，确定基本设计基调。然后使用设计工具进行初期设计，以探索不同的风格方向和创意想法，并及时与团队和利益相关者进行沟通，不断地优化、调整。在这个过程中，早期的创意想法可能有几种、几十种甚至上百种方案，通过用户测试、UI 设计师判断、微调研等手段，最终只会确定出一套可行的设计方案，完善这套方案的设计细节，制定相关设计规范来保持界面的一致性并提高效率。通过这个过程，UI 设计师能够创造出与产品定位和用户需求相匹配的独特风格。例如，新闻类 App 首页不同的界面风格如图 3-5 所示。

图 3-5　新闻类 App 首页不同的界面风格

3.3　制定设计规范

设计规范是产品风格定位的基本输出物。在确定好产品的设计方案后，UI 设计师需要定义和整理产品的视觉设计，保持设计的统一性，方便设计团队根据设计规范输出设计产物，减少后期的沟通成本，提高团队的工作效率。产品的视觉设计主要包括对色彩、文字、图标等进行统一的梳理和规范。

3.3.1　色彩规范

色彩是设计语言中非常重要的元素，UI 的设计品质感和风格调性由色彩的运用和搭配来决定。在 UI 设计中，色彩的使用规范主要体现在品牌视觉、文本颜色、界面颜色（背景色、线框色）等。

色彩规范根据信息的重要性分为主色、辅助色、中性色、文字色。主色常用于标题或需要特别强调的文字或内容，宜小面积使用，一般不超过 3 种颜色。辅助色常用于普通的信息、引导词、辅助或次要的信息、普通按钮描边、分割线等，各个层级使用的颜色都是相近的颜色，而且比主色弱。中性色常用于背景色和不需要突出的边角信息，如地址信息等。文字色常用于不同层级的文字。色彩规范示例如图 3-6 所示。

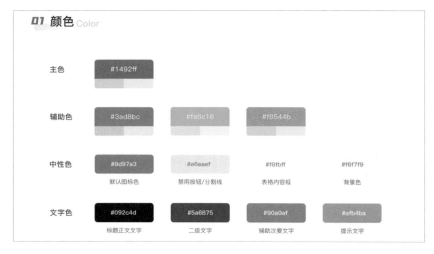

图 3-6　色彩规范示例

3.3.2　文字规范

文字是 UI 设计的主要部分，是传达信息非常重要的视觉元素。文字的设计与形态在一定程度上会影响用户浏览信息的体验。同时，文字的风格也会影响一个产品的调性。因此，在前期准备工作中需要对文字的设计规范进行梳理，下面从文字的类型和文字的规范两个方面进行讲解。

UI 中可用的文字形式可以分为规范字体、手写字体、装饰字体。其中，UI 中最常用的是规范字体，包括宋体、楷体、仿宋体、黑体、圆体等。UI 设计师可以根据 UI 中文字表达的信息内容的重要性和可读性，设置不同层级的文字色彩规范，包括标准文字的类型、字号、字重、行高、行宽、颜色等，以此突出重要的信息和弱化次要的信息。字体规范示例如图 3-7 所示。

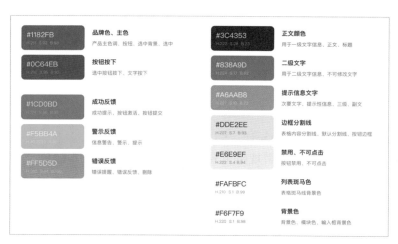

图 3-7　字体规范示例

图 3-7　字体规范示例（续）

3.3.3　图标规范

图标是一种具有象征意义、标识性质的符号，是具有国际通用性的视觉语言。作为 UI 设计的一个重要设计模块，几乎每个页面都会使用到图标，因此在开发前需要对图标进行规范定义。根据图标的用途，图标可以分为应用图标和功能图标。应用图标是用于识别应用程序的标志，用户可以根据应用图标在应用商店下载相应的应用程序。功能图标是在应用程序界面中具有实际作用的标志。图标规范中应标明图标的风格、格式与使用方式。例如，原生 App 需要标注图标导出格式与尺寸，图标规范示例如图 3-8 所示。

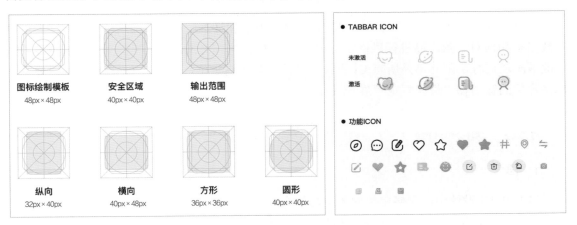

图 3-8　原生 App 图标规范示例

3.4　制作独立界面

通过前期的用户调研和风格定位，在整理设计规范后，UI 设计师就可以开始制作系列的界面，输出设计稿了。UI 设计小到对控件的设计，如按钮控件、选择控件、加减控件、分段控件、页面控件、反馈控件、文本框控件等；大到对界面的设计，包括闪屏页、引导页、首页、个人主页、详情页、注册登录页等。结合用户的需求和产品的核心功能，设计团队不断沟通和完善，最终输出设计终稿。例如，得到 App 的部分界面如图 3-9 所示。

图 3-9　得到 App 的部分界面

3.5　学习反思

3.5.1　项目小结

本项目详细介绍了 UI 设计中风格定位目的、方法和详细流程。学习本项目后，读者可以大致了解如何对一款产品进行风格定位。在实际工作中，风格定位一般在产品初创阶段或升级改版阶段进行，因此不是所有 UI 设计师都能参与风格定位，但所有 UI 设计师都需要基于风格定位的输出物"设计规范"展开设计。

3.5.2　知识巩固

1. 思考

（1）在 UI 设计中，风格定位的本质是什么？

（2）风格定位的基本输出物有哪些？

（3）请结合项目 2 的内容，阐述在 UI 设计中，系统规范和设计规范的区别。

2. 动手

基于一款自己喜欢的 App，分析并思考其风格定位，尝试整理出 App 的基本色彩规范、文字规范和图标规范。

项目**4**

掌握 UI 设计中的关键元素

项目导读

图标和组件是 UI 设计中的关键元素，学习图标基本知识，掌握图标的设计方法，熟练制作各种风格的图标是 UI 设计师进入行业的必备技能。合理使用和管理组件，可以帮助 UI 设计师和开发人员更好地创建出具备统一风格、便于维护的 UI。本项目将详细讲解图标和组件的知识，并使用主流工具 Figma 讲解图标和组件的制作过程，与读者一起揭开图标和组件的神秘面纱，如图 4-1 所示。

扁平化图标

微渐变图标

轻拟态组件

标题栏组件

图 4-1　图标和组件

学习指南

学习指南			
	知识目标	技能目标	素质目标
学习目标	1. 了解图标的基本分类。 2. 掌握图标设计的基本流程和要点。 3. 了解组件的概念和分类。 4. 熟悉组件的制作过程	1. 能够熟练应用图标设计的方法。 2. 能够独立设计和制作不同风格的图标。 3. 能够独立设计和制作不同类型的组件	培养学生精益求精的工匠精神
知识巩固	1. 分别完成 2～4 款扁平化图标与毛玻璃图标的设计和制作。 2. 完成 2～4 个组件的设计和制作		

4.1 图标的概述

4.1.1 图标的概念

从广义上来讲，图标是指能够快速传达信息且高度凝练的图形符号；从狭义上来讲，图标就是互联网行业中常说的 icon，是 UI 中重要的交互视觉符号之一，用于引导用户执行操作。图标具有简洁性、象征性、记忆性，能够有效提高用户的操作效率，简化产品的交互步骤，提升用户的使用体验。

本项目介绍的图标主要是互联网产品中使用的图标。

4.1.2 图标的分类

根据图标的风格，图标由早期的黑白图标过渡到彩色图标，再到后来的拟物化图标、扁平化图标、剪影图标、卡通图标、折纸风格图标。现如今，图标的风格更加多样化，出现了新拟态图标、微渐变图标、微质感图标、毛玻璃质感图标、2.5D 图标、MBE 图标等。

根据图标的属性，图标可以分为线性图标、面性图标、线面结合图标、立体图标等。

根据图标的形式，图标可以分为文字形式、数字形式、文字加图形形式、图形形式。

根据图标的功能，图标可以分为产品启动图标和系统工具图标。

基于实际工作场景中的使用需求，我们将从功能维度对图标进行介绍。

产品启动图标相当于一个产品的 Logo，与企业 Logo 有着相同的作用，主要是用来体现产品及品牌的调性和特性，代表着产品的身份。用户可以通过产品的图标大致推测出该产品的功能。例如，微信的图标是两个叠加的对话信息气泡，暗示着这大概率是一款聊天、社交类的产品。又如，QQ 阅读的图标是一只企鹅抱着一本书在阅读，暗示着这大概率是一款阅读类的产品。再如，欧路词典的图标是一个放大镜里面放了字母 A 的大小写，暗示着这大概率是一款查单词的产品，如图 4-2 所示。所以，一个优秀的产品启动图标对任何企业和产品来说都是极其重要的。

图 4-2 产品启动图标案例

1. 产品启动图标

不同的产品启动图标有不同的设计风格，但无论是什么风格，其最重要的目的就是让用户快速记住该产品。目前，产品启动图标主流的风格有扁平化风格、微渐变风格、卡通风格、新拟态风格、MBE 风格、毛玻璃风格。

（1）扁平化风格：扁平化风格的图标是目前应用比较广泛的一类图标。扁平化是指去掉复杂的投影、高光、纹理、渐变、细节等装饰性元素，最主要的特征就是"扁"和"薄"，但能直接且快速地反映出事物最本质的特征，再经过色彩的调和，图标也能展现出完美的平衡。扁平化风格的图标如图 4-3 所示。

图 4-3　扁平化风格的图标

（2）微渐变风格：微渐变风格也是目前非常常见的一种图标风格。通过使用轻微的渐变来表现图标的质感和调性成为一种新的潮流。相对来说，微渐变风格的图标更具竞争力，视觉吸引力也更强，如图 4-4 所示。

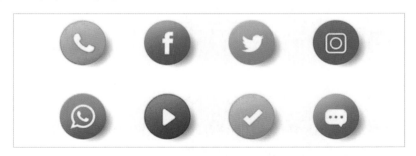

图 4-4　微渐变风格的图标

（3）卡通风格：卡通风格的图标应用也非常广泛，可以说是各个年龄阶段的用户都能接受的一种图标。例如，全民 K 歌将一只鹦鹉作为产品图标，探探将一只狐狸作为产品图标，映客将一只猫头鹰作为产品图标，懒人听书将一个戴着耳机的人像作为产品图标，如图 4-5 所示。

图 4-5　卡通风格的图标

（4）新拟态风格：新拟态风格的图标利用光影原理，结合背景与图标的色彩，展示出一种浮雕的效果。这种风格的图标对背景色的要求较高，使用场景比较受限，如图 4-6 所示。

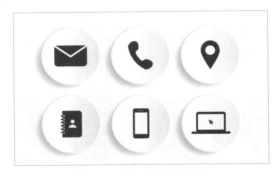

图 4-6　新拟态风格的图标

（5）MBE 风格：MBE 风格其实就是将卡通画的画法应用到图标中，强化了描边，且刻意将图标的填充色彩与图标的轮廓错位，看起来非常可爱。MBE 风格的图标如图 4-6 所示。

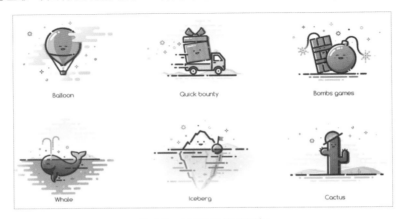

图 4-7　MBE 风格的图标

（6）毛玻璃风格：毛玻璃风格是目前新流行的设计风格之一，通过透明度、模糊等手法制作出一种通透的毛玻璃质感，深受 UI 设计师的欢迎。毛玻璃风格的图标如图 4-8 所示。

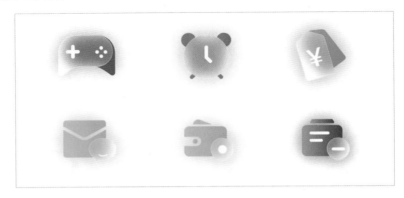

图 4-8　毛玻璃风格的图标

2．系统工具图标

系统工具图标是 UI 中使用频率最高也是最常见的图标，每一个系统工具图标都有明确的功能和含义。这类图标在没有文字说明的情况下需要被快速识别和理解，因此在设计形式上不可过于复杂，需要一目了然。例如，微信底部的标签均使用了较为简洁的线性图标，其信息框就是一个简单的信息气泡，通讯录就是一个简易的人物头像。当然，简洁不代表死板，在保证可识别的前提下，UI 设计师可以通过不同的造型、色彩及细节来丰富图标，使这类图标更具多样性。

系统工具图标在不同的模块中使用的图标形式也不同，有些模块更倾向于使用线性图标，有些模块更倾向于使用面性图标。除了线性图标和面性图标，线面结合图标在系统工具图标中的使用频率也比较高。

（1）线性图标：线性图标最突出的特点是图标中所有的轮廓和细节都使用线条勾勒。为了让线性图标更加多样化，UI 设计师可以通过改变线条粗细、闭合、色彩等丰富线性图标。一般来说，同一产品中线性图标的大小、线条粗细、色彩应尽可能保持一致，如图 4-9 所示。

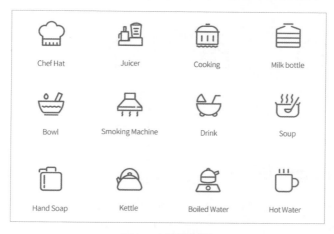

图 4-9　线性图标

（2）面性图标：面性图标的主要特征是图标中大部分的闭合区域均使用色彩进行填充。为了让面性图标更加多样化，UI 设计师可以通过调整色彩、透明度、层叠、渐变等丰富面性图标。与线性图标一样，同一产品中面性图标的整体风格需要保持一致，如图 4-10 所示。

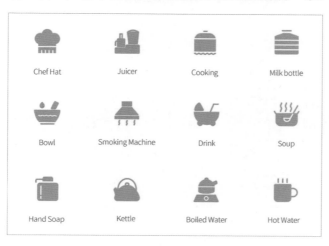

图 4-10　面性图标

（3）线面结合图标：线面结合图标其实就是在线性图标的基础上，对部分闭合区域进行色彩填充，既保留线性图标的线条感，又体现出面性图标的块面感，增加图标的趣味性，如图 4-11 所示。

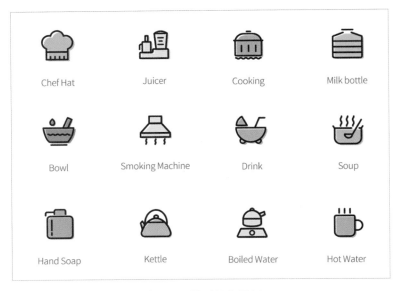

图 4-11　线面结合图标

4.1.3　图标的栅格与尺寸

在相同的尺寸下，不同图标的视觉张力不同，导致图标看起来大小不一致，而尺寸不同、面积相同的图标看起来大小更加一致。因此在设计图标时不能完全按照尺寸来设定大小，而应该根据图标的形状调整面积，使图标的视觉大小趋于一致。在设计过程中，UI 设计师可以通过软件中的网格和参考线进行操作，为了使 UI 设计师更加方便快捷地调整图标的视觉大小，各大平台推出了图标的栅格系统。在栅格系统模板中，有长方形、正方形、圆形，这些形状的面积基本一致，因此可以快速构建和调整出在视觉上大小相同的图标，相同视觉大小的栅格如图 4-12 所示。

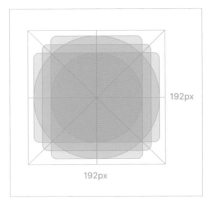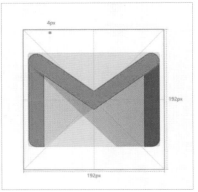

图 4-12　相同视觉大小的栅格

4.2　扁平化风格图标设计

4.2.1　【消息】图标的制作要求与分析

扁平化风格是目前使用非常广泛的图标风格，因此本节将带领读者一起进行扁平化风格图标的制作。

1. 任务描述

使用 Figma 制作扁平化风格图标，参考图如图 4-13 所示。

图 4-13　扁平化风格图标参考图

2. 任务分析

（1）图标的制作可以分为两个步骤：形状绘制和颜色填充。

（2）将图标内部的图形元素分解成几何图形，可以分解为三层：第一层为底部背景圆及投影；第二层为圆形黄色聊天气泡；第三层为半圆矩形聊天气泡。

（3）将图标解构得到最基本的几何图形，如图 4-14 所示。

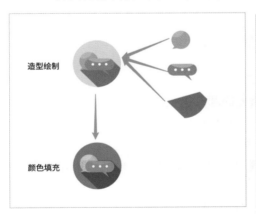
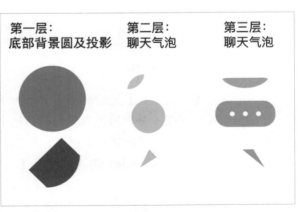

图 4-14　图标解构

4.2.2 【消息】图标设计实操

1. 底部背景圆的制作

（1）新建一个 1000px×1000px 的画板，命名为【扁平化图标制作】。在项目素材文件【项目 4/4.2】中将栅格文件复制到 Figma 中，然后使用【椭圆工具】绘制一个 176px×176px 的底部背景圆，并填充为绿色。

（2）将底部背景圆对齐放置在栅格网格下方，锁定栅格网格。需要注意的是，使用【椭圆工具】绘制正圆时，需要按住 Shift 键，如图 4-15 所示。

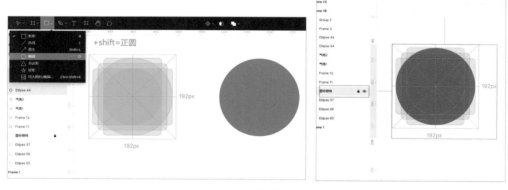

图 4-15　底部背景圆的制作

2. 第二层聊天气泡的制作

（1）先使用【椭圆工具】先绘制两个 68px×68px 的圆并重叠放置在一起，再在其上部绘制一个 60px×60px 的圆，分别填充颜色。然后选中一个 68px×68px 的圆和 60px×60px 的圆，选择【布尔运算】→【交集所选项】选项，得到交集图形。

（2）双击另一个 68px×68px 的圆，使用【钢笔工具】在圆的左下角圆弧中添加 3 个编辑点。

（3）使用【移动工具】选择中间的编辑点，向左侧拉伸一定距离，具体长度可自定。

（4）使用【弯曲工具】单击拉伸点，使拉伸线条变为直线，得到【聊天气泡 1】。选择【聊天气泡 1】并右击，在弹出的快捷菜单中选择【创建画板】命令，如图 4-16 所示。

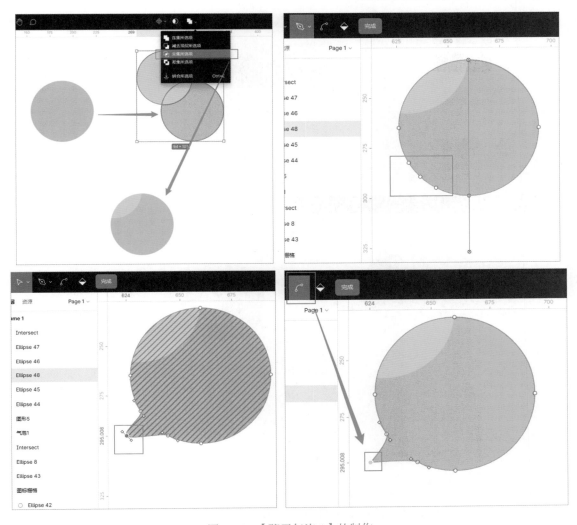

图 4-16　【聊天气泡 1】的制作

3. 第三层聊天气泡的制作

（1）先使用【矩形工具】创建两个 110px×42px 的矩形并重叠放置在一起，再使用【椭圆工具】在矩形上部绘制一个 72px×30px 的椭圆，选中椭圆其中一个矩形，选择【布尔运算】→【交集所选项】选项，得到交集图形。

（2）双击剩下的矩形，使用【钢笔工具】在其右下方添加 3 个编辑点。

（3）使用【移动工具】选择中间的编辑点，将其向右下方拖曳至一定距离。

（4）双击矩形，按住 Shift 键，同时选中 4 个顶点，将【圆角】设置为 30。

（5）使用【圆角工具】在半圆矩形中绘制 3 个 10px×10px 的圆，上下左右居中对齐，得到【聊天气泡 2】。选择【聊天气泡 2】并右击，在弹出的快捷菜单中选择【创建画板】命令，如图 4-17 所示。

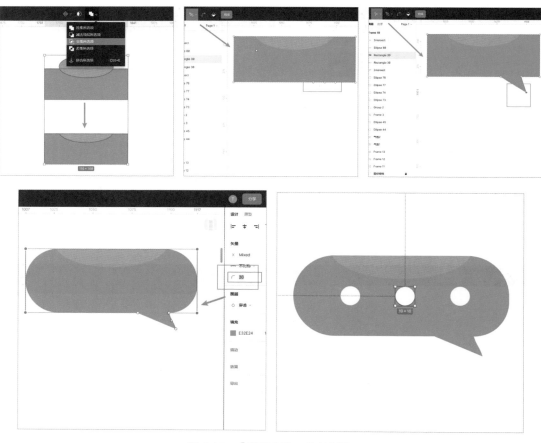

图 4-17　【聊天气泡 2】的制作

4．聊天气泡的组合

将制作完成的两个聊天气泡放置在底部背景圆上，在栅格网格上微调其位置，得到初步的扁平化风格图标，如图 4-18 所示。

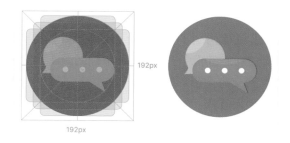

图 4-18　初步的扁平化风格图标

5．长投影的添加

（1）使用【矩形工具】绘制一个 120px×150px 的矩形，并填充颜色，将其旋转 45°。双击矩形，先同时选中右侧的两个编辑点，移动到【聊天气泡 2】的边缘，与其相切。再同时选中左侧的两个编辑点，移动到【聊天气泡 1】的三角点处。形成一个 45° 倾斜的方块长投影。

（2）选择底部背景圆，先在原位置复制并粘贴，然后选中其中一个背景圆和长投影，选择【布尔运算】→【交集所选项】选项，得到交集图形。

（3）将投影调整至倒数第二层，得到最终的【消息】图标，如图 4-19 所示。

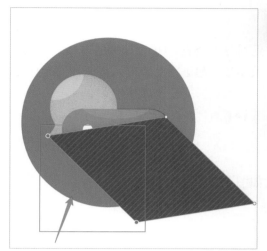
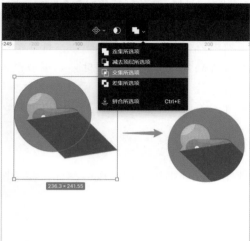
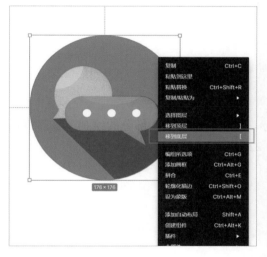

图 4-19　最终的【消息】图标

◈ 小试牛刀

根据以上操作流程，完成【消息】图标的制作。同时，尝试制作以下扁平化风格图标，如图 4-20 所示。

图 4-20　扁平化风格图标

4.3 毛玻璃风格图标设计

毛玻璃风格是目前非常新潮的一种风格，受到各大企业、UI 设计师的追捧，主流设计网站上的各种高分作品均有它的身影。本节将带领读者一起进行毛玻璃风格图标的制作。

4.3.1 【聊天】图标的制作要求与分析

1. 任务描述

使用 Figma 制作毛玻璃风格图标，参考图如图 4-21 所示。

图 4-21 毛玻璃风格图标参考图

2. 任务分析

（1）制作如图 4-21 所示的毛玻璃风格图标，需要完成以下 3 部分的绘制：底部背景圆及投影、底部聊天气泡、顶部聊天气泡，如图 4-22 所示。

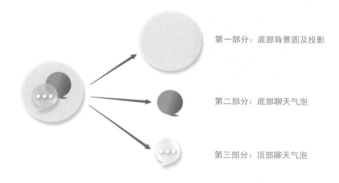

图 4-22 毛玻璃风格图标任务分析

（2）将 3 个部分分别解构成最基本的几何形，主要有正圆、弧形三角尖。

4.3.2 【聊天】图标设计实操

1. 底部背景圆的制作

（1）新建一个 1000px×1000px 的画板，命名为【毛玻璃风格图标制作】。

（2）在项目素材文件【项目 4/4.3】中，先将栅格文件复制到 Figma 中，然后使用【椭圆工具】绘制一个 176px×176px 的底部背景圆，并填充颜色。将底部背景圆对齐放置在栅格网格下方，锁定栅格网格，如图 4-23 所示。

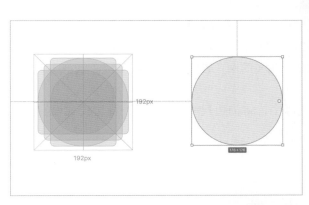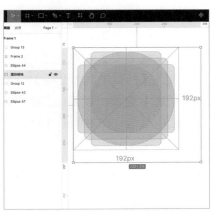

图 4-23　底部背景圆的制作

2. 底部聊天气泡的制作

（1）使用【椭圆工具】绘制一个直径为 68px 的圆，将填充模式设置为【线性渐变】。

（2）双击此圆，使用【钢笔工具】在圆的右下方添加 3 个编辑点。

（3）使用【移动工具】选择底部的编辑点，先向右侧拖曳一定的距离形成一个向右的尖角。再选择【弯曲工具】，单击尖角的编辑点，使尖角两边变为直线，得到底部聊天气泡，如图 4-24 所示。

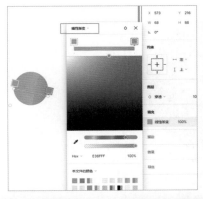

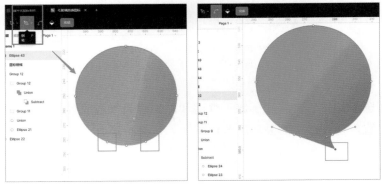

图 4-24　底部聊天气泡的制作

3．顶部聊天气泡的制作

（1）复制【气泡 1】，同时按下 Shift+H 键，得到一个镜像气泡，将镜像气泡的填充模式设置为【线性渐变】，将透明度分别调整为 60%、35%、20%后，镜像气泡变为透明。

（2）选中镜像气泡，在【效果】选区中，选择【投影】选项，设置投影值和颜色。

（3）单击【效果】右侧的【+】按钮，选择【背景模糊】选项，将【模糊】设置为 8。

（4）使用【椭圆工具】绘制 3 个 10px×10px 的圆，居中对齐放置在镜像气泡上，选择【效果】→【投影】选项，调整投影颜色。

（5）选中气泡，在右侧的【描边】选区中，将描边尺寸设置为 1，描边模式设置为【线性渐变】，如图 4-25 所示。

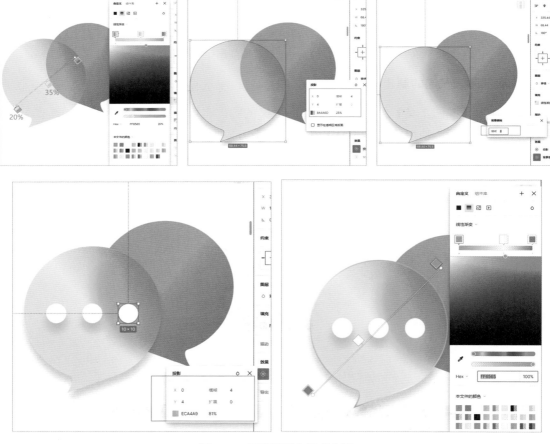

图 4-25　顶部聊天气泡的制作

4．气泡组合

为底部背景圆添加投影，将底部聊天气泡和顶部聊天气泡放置在底部背景圆中，基于栅格网格调整其位置，得到最终的毛玻璃风格图标，如图 4-26 所示。

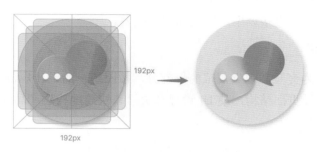

图 4-26　最终的毛玻璃风格图标

小试牛刀

根据以上操作流程，尝试制作以下毛玻璃风格图标，如图 4-27 所示。

图 4-27　毛玻璃风格图标

4.4　组件

4.4.1　组件的概念

组件指的是 UI 中由最基本的设计元素组成的界面元素，如按钮、下拉框等。在使用的时候不再需要单独设计，可以直接调用，其示例如图 4-28 所示。组件主要有以下作用。

1. 确保产品和用户体验的一致性

同一品牌不同的产品具有统一的设计规范更能传达出品牌调性，降低用户的认知成本和学习成本，培养用户习惯，可以有效保持用户体验的一致性。

2. 提高 UI 设计师和开发工程师的工作效率

在 UI 设计中，直接使用根据标准规范设计的组件，可以大大降低 UI 设计师的工作量，提高设计效率，使 UI 设计师将更多的精力集中于理解和解决用户的实际问题。开发工程师也可以将组件封装好之后，直接调用，以提高工作效率。

3. 利于灵活设计

组件可以直接作为交互和视觉规范的一部分，按照统一的设计规范来确定需要使用的颜色、样式、组合方式及页面结构，使 UI 设计师灵活、快速地构建产品的交互框架。

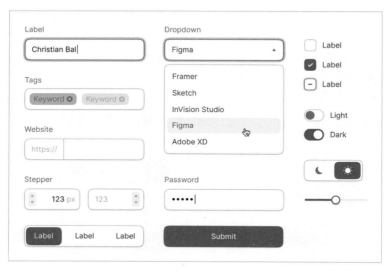

图 4-28　组件示例

4.4.2　组件的分类

国内部分大型互联网企业已经输出了自己的设计组件，本书以阿里推出的 Ant Design 为例，将组件分为 6 大类。

（1）通用组件：即按钮、图标、排版等，与其他组件相比，其使用场景更通用，或者其他组件在实现时依赖了这些组件，如图 4-29 所示。

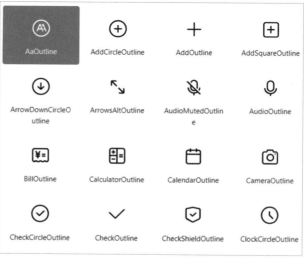

图 4-29　通用组件

通用组件中需要特别注意按钮的制作,按钮除尺寸、颜色外,还有状态之分,通常按钮的状态分为正常状态、激活状态、禁用状态,在进行 UI 设计时需要根据实际情况选择合适状态的按钮,如图 4-30 所示。

图 4-30　按钮的状态

(2)导航组件:即导航菜单、下拉菜单、面包屑等,可以帮助用户在产品系统内部快速找到所在页面层级或位置,如图 4-31 所示。

图 4-31　导航组件

(3)布局组件:即分割线、栅格、间距等,可以将页面分开布局,如图 4-32 所示。

(4)信息录入组件:即输入框、选择器、表单等,支持用户录入数据信息,如图 4-33 所示。

图 4-32　布局组件　　　　　　　　　图 4-33　信息录入组件

（5）信息展示组件：即头像、列表、表格、卡片等，可以将录入系统的数据信息展示出来，如图 4-34 所示。

（6）操作反馈组件：即气泡、警告提示、对话框等，在用户操作前后，合理反馈系统状态，如图 4-35 所示。

图 4-34　信息展示组件　　　　　　　　　图 4-35　操作反馈组件

由于各大互联网企业已经逐步推出了自己的标准化组件库，例如，阿里推出的 Ant Design，腾讯推出的 TDesign，饿了么推出的 Element Design 等，如图 4-36 所示。因此，我们在设计、开发时，可以直接调用各大企业成熟的组件以降低设计和开发成本。但是，根据产品的实际情况，我们也可以自行设计和开发个性化组件。

图 4-36　各大互联网企业推出的标准化组件库

4.5　标题栏组件设计

4.5.1　标题栏组件的制作要求与分析

1. 任务描述

使用 Figma 制作顶部标题栏组件，参考图如图 4-37 所示。

图 4-37　顶部标题栏组件参考图

2. 任务分析

以上标题栏组件可以分为 4 部分：底部背景框、返回键、标题、操作按钮。

4.5.2　标题栏组件设计实操

1.　底部背景框和返回键的制作

（1）打开 Figma，新建一个 1000px×1000px 的画板。使用【矩形工具】在画板中创建一个 378px×48px 的矩形，并填充颜色。

（2）使用【钢笔工具】绘制一个返回键，在绘制过程中按住 Shift 键，保证箭头夹角为 90°，将箭头尺寸调整为 10px×18px。

（3）使用【文字工具】添加文字【Title text】，将字号设置为 18，将位置调整为上下居中，如图 4-38 所示。

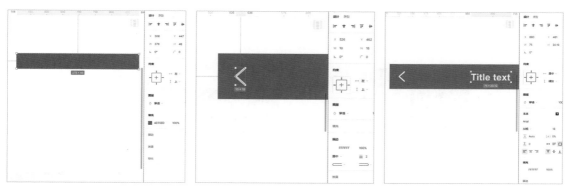

图 4-38　底部背景框和返回键的制作

2.　操作按钮的制作

（1）使用【矩形工具】绘制一个 88px×32px 的矩形，将【圆角】设置为 16，调整为半圆矩形。

（2）使用【椭圆工具】绘制一个 16px×16px、两个 6px×6px、两个 4px×4px 的圆。并添加一条 20px×20px 的分割竖线，使用对齐工具进行排列组合，如图 4-39 所示。

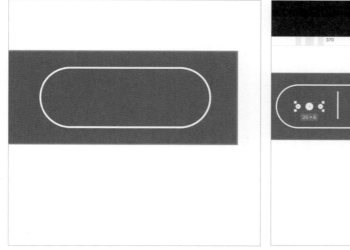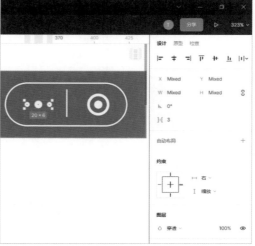

图 4-39　操作按钮的制作

3. 约束设置

（1）全选标题栏并右击，在弹出的快捷菜单中选择【创建画板】命令。按住 Ctrl 键，选择箭头图形，在界面右侧的【设计】窗格中将【约束】设置为【左】。

（2）选中文字【Title text】，在界面右侧的【设计】窗格中将【约束】设置为【居中】。

（3）选择操作按钮，在界面右侧的【设计】窗格中将【约束】设置为【右】。

（4）按住 Ctrl 键，选择底部背景框，在界面右侧的【设计】窗格中将【约束】设置为【左右拉伸】（需左右同时约束时，可以按住 Shift 键点选），如图 4-40 所示。

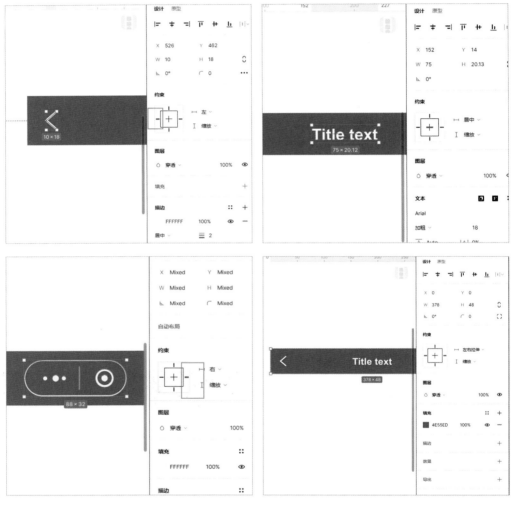

图 4-40　约束设置

4. 标题栏组件的创建

（1）选择标题栏，单击【创建组件】按钮。

（2）完成标题栏组件的制作与约束设置之后，可以对标题栏进行左右拉伸，组件内的元素会自动适应组件尺寸。至此，标题栏组件就制作完成了，如图 4-41 所示。

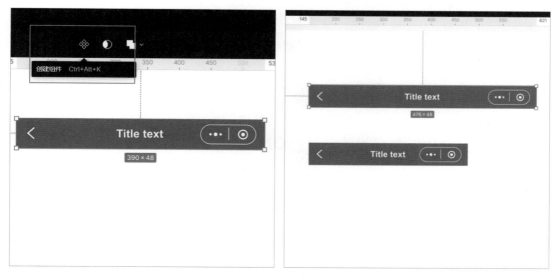

图 4-41　标题栏组件的创建

小试牛刀

根据以上操作流程，尝试制作搜索框组件和标题及搜索框组件，如图 4-42 和图 4-43 所示。

图 4-42　搜索框组件

图 4-43　标题及搜索框组件

4.6　轻拟态开关组件设计

4.6.1　轻拟态开关组件的制作要求与分析

1．任务描述

使用 Figma 制作轻拟态渐变开关组件，参考图如图 4-44 所示。

图 4-44　轻拟态开关组件参考图

2. 任务分析

轻拟态开关组件可以分为 3 部分：开关底色、文字、圆形滑块，如图 4-45 所示。

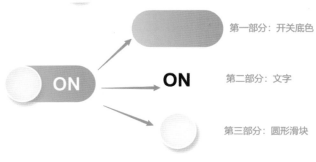

图 4-45 图标结构分析

4.6.2 轻拟态开关组件设计实操

1. 开关底色和圆形滑块的制作

（1）使用【矩形工具】创建一个 68px×28px 的矩形，将【圆角】设置为 26，将填充模式设置为【线性渐变】。

（2）使用【椭圆工具】绘制一个 28px×28px 的圆，依次选择【效果】→【投影】选项、【效果】→【内阴影】选项，并进行描边设置，得到一个有厚度感的圆形滑块，如图 4-46 所示。

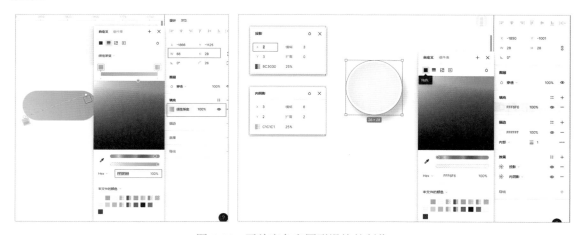

图 4-46 开关底色和圆形滑块的制作

2. 文字的添加和图形的复制

（1）将开关底色和圆形滑块水平居中组合，并添加文字【ON】，将字号设置为 14，得到【ON】图形。

（2）复制【ON】图形，将底色颜色更改为浅灰色，将圆形滑块移动到图形右侧。在圆形滑块居中添加一个 8px×8px 的渐变圆形。添加文字【OFF】，得到【OFF】图形，如图 4-47 所示。

图 4-47　文字的添加和图形的复制

3. 轻拟态开关组件的创建

（1）将【ON】图形和【OFF】图形排列整齐，分别将两个开关按键重命名为【开关=true】【开关=false】。

（2）同时选中两个开关按钮，选择【创建组件】→【创建多个组件】选项。

（3）选中两个组件，在界面右侧的【设计】窗格中单击【组件】→【合并为变体】按钮，如图 4-48 所示。

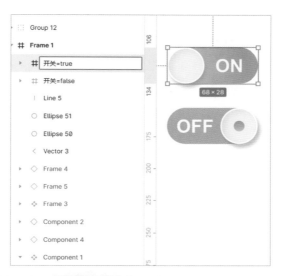

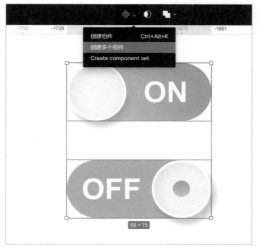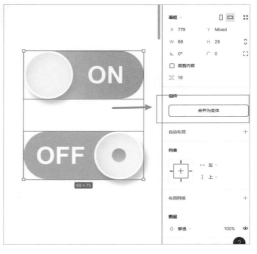

图 4-48　轻拟态开关组件的创建

4. 组件演示

复制轻拟态开关组件中任意一个开关，界面右侧出现【开关】按钮，通过【开关】按钮，可以快速更改开关的状态，如图 4-49 所示。

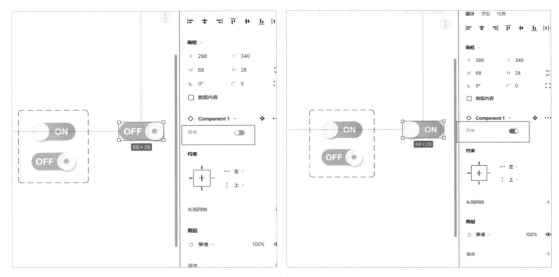

图 4-49　组件演示

◈ 小试牛刀

根据以上轻拟态开关组件的制作过程，尝试独立完成以下组件的制作，参考图如图 4-50 所示。

图 4-50　组件练习参考图

4.7　学习反思

4.7.1　项目小结

本项目详细介绍了 UI 设计中图标和组件的概念及分类，并使用 Figma 演示了扁平化风格图标、毛玻璃风格图标、标题栏组件和轻拟态开关组件的制作。通过本项目的实操练习，读者可以独立完成相关元素的制作。

4.7.2　知识巩固

1．思考

（1）图标有哪些基本分类？

（2）组件的作用有哪些？

2．动手

（1）使用 Figma 设计并制作 2～4 款扁平化风格图标和毛玻璃风格图标。

（2）使用 Figma 设计并制作 2～4 个组件。

项目5

熟悉 UI 的组合设计

项目导读

根据前面所掌握的 UI 中基本元素的设计与制作，本项目将基于一款 App，尝试将基本元素进行组合设计，形成完整的 UI。优教是一款针对幼儿早教的 App，整个 App 的功能分为四大模块，分别是【首页】【课程】【圈子】【我的】。本项目主要使用 Figma 针对这款 App 中涉及的界面展开练习，如图 5-1 所示。

图 5-1　优教 App 练习界面

学习指南

学习指南			
	知识目标	技能目标	素质目标
学习目标	1．了解不同元素在界面中的组合排布。 2．熟悉不同元素在界面中的制作流程	1．掌握 UI 设计的整体制作技巧。 2．能够独立完成预期界面效果	培养学生知行合一的实干精神
实操巩固	独立完成优教 App 儿歌播放页面的制作		

5.1 优教 App 登录页设计

5.1.1 优教 App 登录页的制作要求与分析

1．任务描述

使用 Figma 完成登录页的制作，如图 5-2 所示。

图 5-2 优教 App 登录页

2．任务分析

登录页的核心元素有背景色、产品图标、登录通道，如图 5-3 所示。组合以上元素即可完成登录页的制作。

图 5-3　登录页制作分析

5.1.2　优教 App 登录页设计实操

1. 底部背景图的制作

（1）使用【画板工具】，选择【iPhone 13/13Pro】选项，创建画板。

（2）使用【矩形工具】绘制一个 390px×220px 的矩形，填充渐变色后，顶部对齐放置在画板中。

（3）使用【椭圆工具】绘制大大小小相互交叉的正圆，全选正圆，选择【布尔运算】→【连集所选项】选项，得到连集图形。

（4）将连集图形放置在矩形上，适当调整位置，同时选中连集图形和矩形，选择【布尔运算】→【减去顶层所选项】选项，得到底部背景图，如图 5-4 所示。

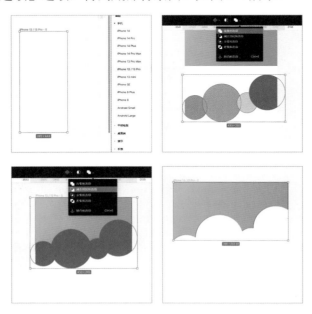

图 5-4　底部背景图的制作

2.　产品图标的制作

（1）使用【矩形工具】绘制一个 72px×72px 的矩形，将【圆角】设置为 8。

（2）将项目素材文件【项目 5/5.1】中的【01 熊掌】图标文件复制到 Figma 中，产品图标轮廓的制作如图 5-5 所示。

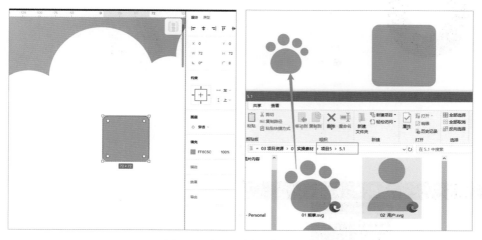

图 5-5　产品图标轮廓的制作

（3）使用【矩形工具】绘制一个 14px×24px 的矩形，将【圆角】设置为 8，描边尺寸设置为 4，取消填充。在圆角矩形顶部绘制一个矩形，同时选中两个矩形后选择【布尔运算】→【减去顶层所选项】选项。

（4）右击半圆矩形，在弹出的快捷菜单中选择【轮廓化描边】命令。

（5）双击轮廓化描边后的图形，选择顶部 4 个锚点后，在右侧的【设计】窗格中将【圆角】更改为 4，【旋转】更改为-30。

（6）先将 U 形和熊掌居中排列在一起，选择【布尔运算】→【减去顶层所选项】选项，再将得到的图形与背景矩形组合，调整颜色，添加文字【优教】，产品图标的整合如图 5-6 所示。

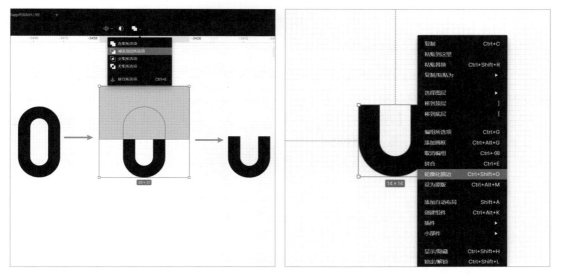

图 5-6　产品图标的整合

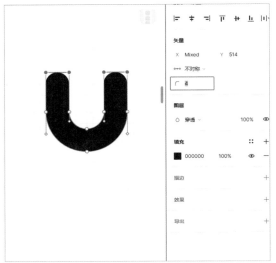
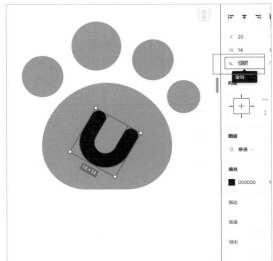
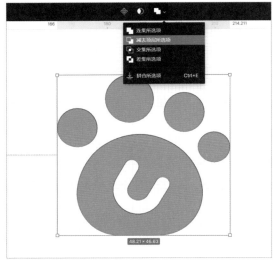

图 5-6　产品图标的整合（续）

3．账号框、密码框及登录按钮的制作

（1）使用【矩形工具】绘制两个 294px×42px 的圆角矩形，一个 294px×48px 的圆角矩形，分别设置描边和填充色彩。

（2）将项目素材文件【项目 5/5.1】中的【02 用户】和【03 密码】图标文件复制到 Figma 中，分别整齐摆放在账号框、密码框中。

（3）使用【文字工具】添加相关引导文字，如图 5-7 所示。

4．细节调整

（1）将项目素材文件【项目 5/5.1】中的【04 微信】和【05 苹果】图标文件复制到 Figma 中，调整图标的位置和大小。

（2）完善页面中的细节文字，包括服务协议指引和随便逛逛，完成整个登录页的制作，效果如图 5-8 所示。

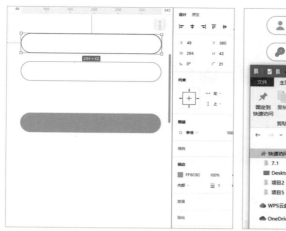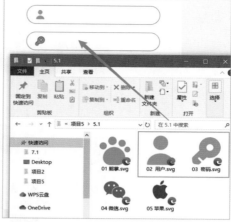

图 5-7　账号框、密码框及登录按钮的制作

图 5-8　优教 App 登录页的效果

5.2　优教 App 首页设计

5.2.1　优教 App 首页的制作要求与分析

1. 任务描述

使用 Figma 完成优教 App 首页的制作，如图 5-9 所示。

图 5-9　优教 App 首页

2. 任务分析

首页主要分为 5 部分：顶部 Banner 区、金刚区、课程推荐区、家长专区、底部标签栏，如图 5-10 所示。

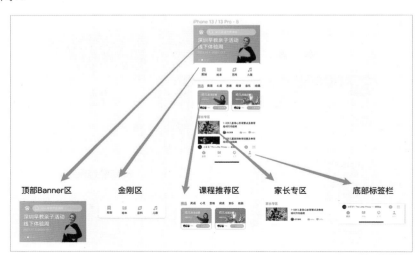

图 5-10　任务分析

将顶部 Banner 区、金刚区、课程推荐区、家长专区、底部标签栏 5 个区域进行组合，得到优教 App 首页。

5.2.2　优教 App 首页设计实操

1. 顶部 Banner 区的制作

顶部 Banner 区的参考图如图 5-11 所示。

图 5-11　顶部 Banner 区的参考图

1）背景框及搜索框的制作

（1）使用【矩形工具】绘制一个 390px×246px 的矩形，填充渐变色。在界面右侧的【设计】窗格中选择【布局网格】选项，将模式设置为【列】，【边数】设置为 5，【边距】设置为 24，【间距】设置为 20。再次添加布局网格，将模式设置为【行】，【边数】设置为 14，【边距】设置为 20，【间距】设置为 16。

（2）将项目素材文件【项目 5/5.2】中的【01 产品图标】图标文件复制到 Figma 中。

（3）使用【矩形工具】绘制一个 290px×44px 的矩形，填充颜色为白色，将【透明度】设置为 60%。点选矩形顶点旁的圆点并拖曳，直至矩形倒圆角至半圆矩形。

（4）将项目素材文件【项目 5/5.2】中的【02 搜索】图标文件复制到 Figma 中，拖曳至半圆矩形左侧，将颜色设置为白色。

（5）使用【文字工具】输入文字【幼儿英语早教课程】，将颜色设置为白色。具体操作如图 5-12 所示。

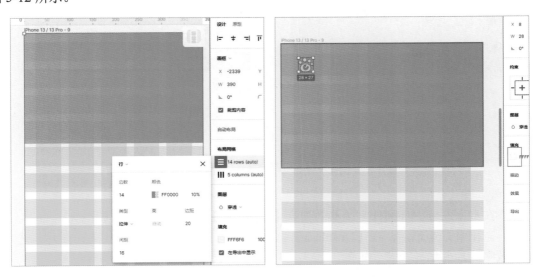

图 5-12　背景框及搜索框的制作

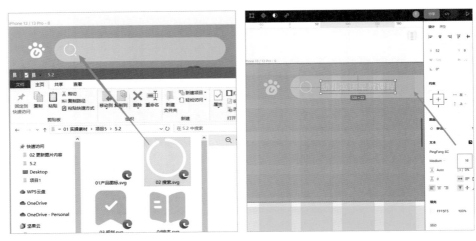

图 5-12　背景框及搜索框的制作（续）

2）中部文字区的制作

（1）使用【文字工具】输入 Banner 上的文字【深圳早教亲子活动线下体验周】，将字号设置为 28，输入文字【2023.10.1-2023.10.7】，将字号设置为 16。

（2）使用【椭圆工具】绘制 4 个 8px×8px 的圆，将填充颜色设置为白色，将【透明度】设置为 60%，并选择【效果】→【投影】选项，将投影参数【左】【右】【模糊】均设置为 2。再将第二个圆的尺寸更改为 10px×10px，【透明度】更改为 100%，如图 5-13 所示。

图 5-13　中部文字区的制作

3）教师图片的设置

（1）在界面左侧的【插件】窗格中搜索【Unsplash】，单击其右侧的【运行】按钮。

（2）选中背景矩形后，在【Unsplash】插件中输入【teacher】，搜索相关的图片，选择其中一个教师图片并填充至背景矩形。

（3）将矩形的图片填充模式设置为【裁切】，单击图片边角，以拖曳的方式缩小图片，将其放置在矩形中。

（4）选中图片，运行插件【Remove BG】，删除教师图片的背景，如图 5-14 所示。注意：

在运行【Remove BG】插件之前需根据插件提示先去官网注册账号并申请 API 口令。

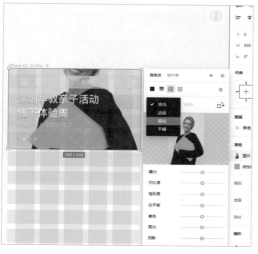

图 5-14　教师图片的设置

2. 金刚区的制作

金刚区的参考图如图 5-15 所示。

图 5-15　金刚区的参考图

1）金刚区背景的制作

（1）添加【布局网格】，将模式设置为【列】，【边数】设置为 4，【边距】设置为 24，【间距】设置为 20。

（2）使用【矩形工具】绘制一个 390px×100px、【圆角】为 10 的矩形，选择【效果】→【投影】选项，调整投影的颜色，将【模糊】设置为 8，如图 5-16 所示。

图 5-16　金刚区背景的制作

2）金刚区图标的制作

（1）在将项目素材文件【项目 5/5.2】中的【03 规划】【04 绘本】【05 百科】【06 儿歌】4 个图标文件复制到 Figma 中，并调整好位置。

（2）依次给各个图标添加文字【规划】【绘本】【百科】【儿歌】，分别选择图标和对应文字，同时按下 Ctrl+G 组合键，完成图标与对应文字的组合，单击右下角的对齐快捷键，或者使用【对齐工具】进行整理操作，使 4 组图标分别居中放置在 4 列网格中间，如图 5-17 所示。

3. 课程推荐区的制作

1）文字的设置

（1）选中画板，将填充颜色更改为浅红色。

（2）使用【矩形工具】绘制一个 390px×498px 的矩形，与画板底部对齐。

（3）使用【文字工具】输入文字【精选】【英语】【心灵】【思维】【阅读】【音乐】【绘画】，将字号设置为 16。先选中文字【精选】，将字体颜色设置为主题色橙红色，将字号设置为 18，添加下画线。再为其添加投影，如图 5-18 所示。

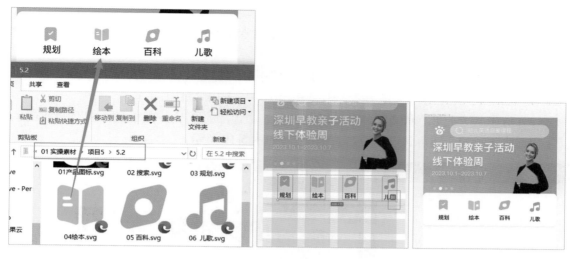

图 5-17　金刚区图标的制作

图 5-18　文字的设置

2）课程推荐卡片的制作

（1）隐藏布局网格，添加新的布局网格，将模式设置为【列】,【边数】设置为 2,【类型】设置为【左】,【宽】设置为 180,【边距】设置为 24,【间距】设置为 20。使用【矩形工具】

分别绘制 180px×128px 和 180px×90px 的矩形，并分别将矩形的颜色设置为白色和橘红色。将矩形进行顶部和左侧对齐。

（2）选中顶部的矩形，使用插件【Unsplash】搜索【teacher】，找到合适的图片并填充到矩形中。

（3）将图片的填充属性设置为【裁剪】，调整图片的大小。

（4）选中填充图片的矩形，运行插件【Remove BG】，删除图片的背景。

（5）选中两个矩形，将【圆角】设置为 12，选中顶部的矩形，单击【独立圆角】按钮，将下面两个顶点的【圆角】设置为 0，图片处理如图 5-19 所示。

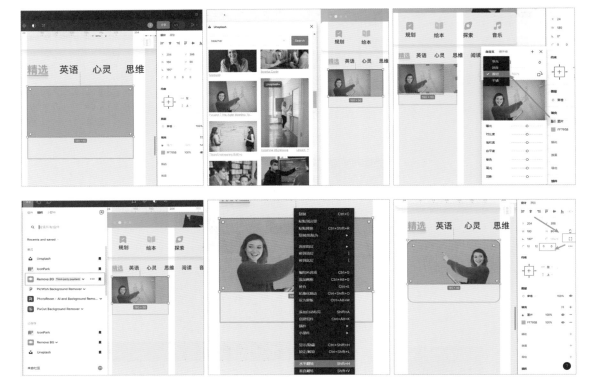

图 5-19　图片处理

（6）先使用【文字工具】输入文字【幼儿英语启蒙】【0 基础无压力】，将字号分别设置为 14 和 8，选中文字【幼儿】，将字号设置为 18。再为文字添加投影，文字设置如图 5-20 所示。

图 5-20　文字设置

3）立即参与模块的制作

（1）制作头像。使用【矩形工具】绘制 3 个 16px×16px 的圆，并添加投影，逐个选中圆，运行插件【Unsplash】，找到目标图片后单击图片，图片就会填充到圆形中，如图 5-21 所示。

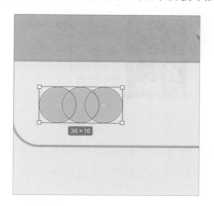

图 5-21　制作头像

（2）使用【文字工具】添加文字【1 万+】，将字号设置为 8，放置在头像的右侧。

（3）制作按钮。先使用【矩形工具】绘制一个 80px×20px、【圆角】为 10 的半圆矩形，再使用【文字工具】添加文字【立即参与】【¥19.9】，将字号分别设置为 10 和 8，如图 5-22 所示。其他课程推荐卡片的制作方法同上。注意：在制作过程中随时可以隐藏布局网格，以便观察界面的协调性。

图 5-22　制作按钮

4. 家长专区的制作

家长专区的参考图如图 5-23 所示。

图 5-23　家长专区的参考图

（1）使用【文字工具】输入文字【家长专区】，将字号设置为 18，将颜色设置为主题色。使用【矩形工具】绘制一个 132px×78px 的矩形，选中矩形后，运行插件【Unsplash】，搜索符合主题的图片并填充到矩形中。

（2）使用【文字工具】输入文字【1～3 岁儿童身心发育要点及教育培训方向指南】，将字号设置为 14。

（3）使用【椭圆工具】绘制 18px×18px 的圆作为头像基础形状，运行插件【Unsplash】，搜索图片并填充到圆形中，并在右侧输入头像名称【点灯续周】，将字号设置为 10。

（4）将项目素材文件【项目 5/5.2】中的【06 点赞】【07 评论】图标文件复制到 Figma 中，调整好位置，并使用【文字工具】在右侧输入文字【999+】，横向居中对齐，将字号设置为 10。家长专区其他板块的制作方法与上述操作相同，如图 5-24 所示。注意：在使用【Unsplash】插件时，读者可以根据个人喜好选择图片，不必和本书保持一致。

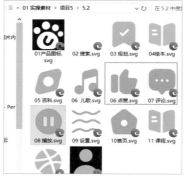
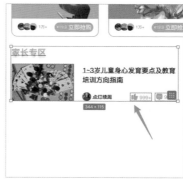

图 5-24　家长专区的制作

5. 底部标签栏的制作

底部标签栏的参考图如图 5-25 所示。

图 5-25　底部标签栏的参考图

底部标签栏可以制作为基础组件，在不同的界面中复用。

1）底色框及播放区的制作

（1）使用【矩形工具】绘制一个 390px×118px 的矩形，与界面底部对齐，添加投影，将投影的【X】【Y】【模糊】分别设置为 2、0、8。

（2）使用【椭圆工具】绘制一个 44px×44px 的圆，使用插件【Unsplash】搜索图片并填充到圆形中。

（3）使用【文字工具】输入播放作品的名称，将字号设置为 12。

（4）将项目素材文件【项目 5/5.2】中的【08 播放】【09 设置】图标文件复制到 Figma 中，并调整好位置，如图 5-26 所示。

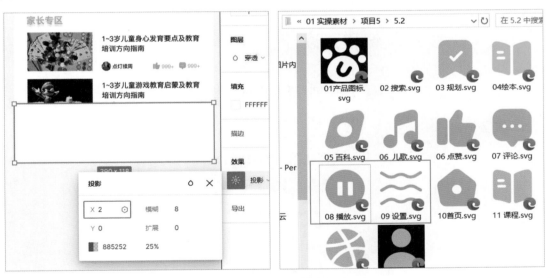

图 5-26　底色框及播放区的制作

2）标签区的制作

（1）先隐藏其他布局网格，然后新添加一个新布局网格，将模式设置为【行】，【边数】设置为 4，【类型】设置为【下】，【高】设置为 49（标签区的高度），【偏移】设置为 34（预留的虚拟键位置），【间距】设置为 20。

（2）将项目素材文件【项目 5/5.2】中的【10 首页】【11 课程】【12 发现】【13 我的】4 个图标文件复制到 Figma 中，并调整好位置。

（3）为 4 个图标分别配上文字【首页】【课程】【发现】【我的】，将字号设置为 12，将图标和文字一一对齐后，分别居中对齐放在 4 列网格中，如图 5-27 所示。

图 5-27　标签区的制作

将顶部 Banner 区、金刚区、课程推荐区、家长专区、底部标签栏 5 个区域进行组合、对齐，隐藏布局网格，得到优教 App 首页。

5.3　优教 App 课程页设计

5.3.1　优教 App 课程页的制作要求与分析

1．任务描述

使用 Figma 制作课程页，其参考图如图 5-28 所示。

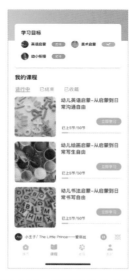

图 5-28　课程页的参考图

2.　任务分析

课程页分为 3 部分，分别是学习目标区、我的课程区、底部标签栏，如图 5-29 所示。

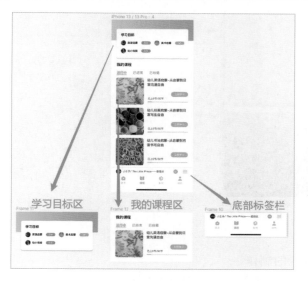

图 5-29　我的课程任务分析

5.3.2　优教 App 课程页设计实操

1.　学习目标区的制作

学习目标区的参考图如图 5-30 所示。

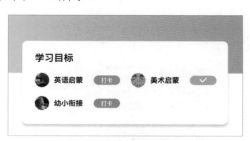

图 5-30　学习目标区的参考图

1）背景色与白色底板的制作

（1）先添加布局网格，将模式设置为【列】，【边数】设置为 2，【边距】设置为 24，【间距】设置为 20。再添加布局网格，将模式设置为【行】，【边数】设置为 12，【类型】设置为上，【偏移】设置为 44，【间距】设置为 20。

（2）使用【矩形工具】绘制一个 390px×100px 的矩形，将填充模式设置为【线性渐变】，填充渐变色，得到顶部背景色。

（3）使用【矩形工具】绘制一个 362px×144px 的矩形，将【圆角】设置为 8，添加投影，将【模糊】设置为 4，【X】设置为 4。将白色矩形覆盖在顶部背景色上并对齐第一行网格，完成学习目标区第一部分的制作，如图 5-31 所示。

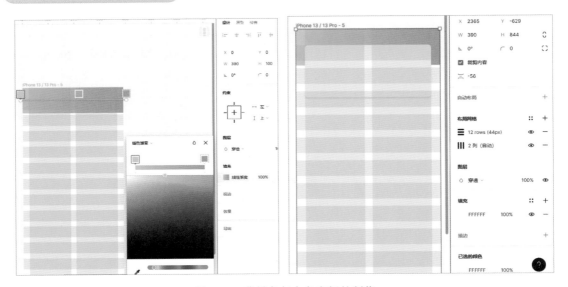

图 5-31　背景色与白色底板的制作

2）学习目标与打卡的制作

（1）使用【文字工具】输入文字【学习目标】，将字号设置为 16。

（2）使用【椭圆工具】绘制一个 24px×24px 的圆，运行【Unsplash】插件，搜索图片并填充到圆形中。

（3）使用【文字工具】输入文字【英语启蒙】，将字号设置为 14。

（4）使用【矩形工具】绘制一个 44px×16px 的半圆矩形。矩形内部使用【文字工具】输入文字【打卡】。如果有多个需要打卡的课程，则可以重复（2）（3）（4）的操作，如图 5-32 所示。

图 5-32　学习目标与打卡的制作

2. 我的课程区的制作

1）【我的课程】文字的制作

（1）使用【文字工具】输入文字【我的课程】，将字号设置为 18。输入文字【进行中】【已结束】【已收藏】，将字号设置为 16。

（2）为文字【进行中】添加投影，将【模糊】设置为 4，【Y】设置为 4，更改颜色。并为其添加下画线，如图 5-33 所示。

图 5-33　【我的课程】文字的制作

2）课程信息的制作

（1）使用【矩形工具】绘制一个 132px×132px 的矩形，将【圆角】设置为 8。运行【Unsplash】插件，搜索图片并填充到矩形中。

（2）使用【文字工具】分别输入文字【幼儿英语启蒙-从启蒙到日常沟通自由】【已上 5 节/50 节】，将字号分别设置为 16 和 12。

（3）使用【直线工具】绘制 192px×1px、20px×3px 的直线并左对齐，将颜色分别设置为灰色和主题色。

（4）使用【矩形工具】绘制一个 80px×24px 的半圆矩形，将颜色设置为主题色，添加文字【立即学习】。

（5）使用同样的操作制作其他课程信息，如图 5-34 所示。

图 5-34　课程信息的制作

图 5-34 课程信息的制作（续）

3. 底部标签栏的制作

底部标签栏在优教 App 首页的制作过程中已经完成，此处可直接复制后调整标签的颜色，如图 5-35 所示。

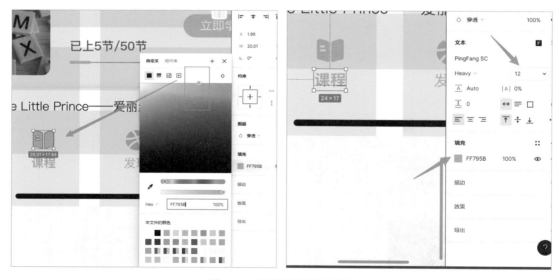

图 5-35 底部标签栏的制作

将学习目标区、我的课程区、底部标签栏 3 个区域进行组合、对齐，得到优教 App 课程页。

5.4　优教网页首页设计

5.4.1　优教网页首页的制作要求与分析

1. 任务描述

使用 Figma 制作以下优教网页首页，如图 5-36 所示。

图 5-36　优教网页首页

2. 任务分析

优教网页首页主要分为 3 部分，分别为顶部导航栏、中部导航栏、创意课程区，制作分析如图 5-37 所示。

图 5-37　优教网页首页制作分析

5.4.2 优教网页首页设计实操

1. 顶部导航栏的制作

顶部导航栏的参考图如图 5-38 所示。

图 5-38 顶部导航栏的参考图

1）框架及背景的制作

（1）使用【画板工具】，选择【桌面端】→【MacBook Air】选项，创建画板。将填充模式设置为【线性渐变】，调整渐变色。

（2）分别创建模式为【行】和【列】的布局网格，将【行】布局网格的【边数】设置为 10，【边距】设置为 40，【间距】设置为 20，【列】布局网格的【边数】设置为 10，【边距】设置为 80，【间距】设置为 20，如图 5-39 所示。

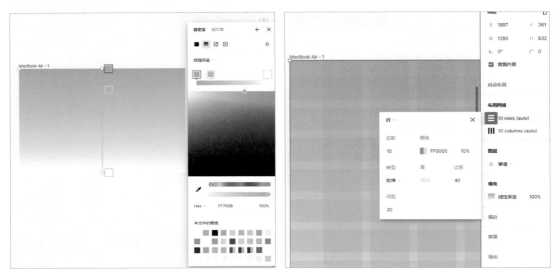

图 5-39 框架及背景的制作

2）相关文字的制作

（1）将产品图标复制到界面的左上角，并添加文字【优教】，将字号设置为 22。

（2）使用【矩形工具】绘制一个 340px×40px 的矩形，倒圆角至半圆矩形。

（3）将项目素材文件【项目 5/5.4】中的【搜索】图标文件复制到 Figma 中，添加文字【幼儿英语启蒙】。

（4）使用【文字工具】输入文字【首页】【选课中心】【下载 App】，使用【矩形工具】绘制一个 160px×40px 的矩形，倒圆角至半圆矩形，添加文字【登录/注册】。完成顶部导航栏的制作，如图 5-40 所示。

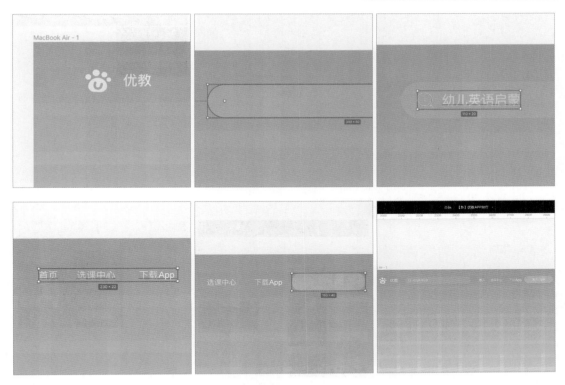

图 5-40　相关文字的制作

2. 中部导航栏的制作

中部导航栏的参考图如图 5-41 所示。

图 5-41　中部导航栏的参考图

1）快捷入口的制作

（1）使用【矩形工具】绘制一个 228px×289px 的矩形，左上角倒圆角 10。

（2）使用【文字工具】添加年龄段和相关课程的文字，并使用【多边形工具】绘制等腰三角形，旋转 90°后分别放在每个年龄组后面，如图 5-42 所示。

2）Banner 图的制作

（1）使用【矩形工具】绘制一个 664px×289px 的矩形，运行插件【Unsplash】，搜索【play】相关图片，并填充到矩形中。

（2）使用【文字工具】输入文字【快乐工程】【幼儿拼图|创意思维】，将字号分别设置为40 和 14。

（3）先使用【矩形工具】绘制一个 124px×32px 的矩形，倒圆角至半圆矩形。再使用【文字工具】输入文字【立即报名】，如图 5-43 所示。

图 5-42　快捷入口的制作

图 5-43　Banner 图的制作

3）登录区及立即体验区的制作

（1）使用【矩形工具】绘制一个 208px×212px 的矩形，将填充颜色设置为白色，【圆角】设置为 2。

（2）在资源中搜索并运行插件【Avatarg】，生成一个 80px×80px 的头像图标，居中放置并调整其颜色。

（3）使用【矩形工具】在头像图标下方绘制一个 138px×40px 的矩形，倒圆角至半圆矩形，输入文字【登录|注册】。

（4）使用【矩形工具】绘制一个 208px×56px 的矩形，将【圆角】设置为 2。

（5）将项目素材文件【项目 5/5.4】中的【鼠标】图标文件复制到 Figma 中，输入文字【立即体验】，如图 5-44 和图 5-45 所示。

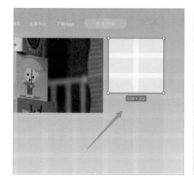

图 5-44　登录区的制作

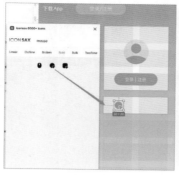

图 5-45　立即体验区的制作

3. 创意课程区的制作

创意课程区的参考图如图 5-46 所示。

图 5-46　创意课程区的参考图

1）课程分类的制作

（1）使用【文字工具】添加文字【创意课程】并居中放置在界面中，使用【直线工具】绘制两条 456px×1px 的直线，分别放置在文字【创意课程】的两侧。

（2）使用【矩形工具】绘制 5 个 208px×135px 的矩形，均匀放置在界面网格中。

（3）在资源中搜索并运行【Icons8—icons，illustrations，photos】插件，分别搜索【sports】【music】【art】【project】【experiment】等关键词，将图标颜色设置为主题色橘红色，尺寸设置为【40×40】，并下载对应图标。

（4）在对应图标下方输入文字【灵动体育】【动感音乐】【创意美术】【快乐工程】【妙趣实验】。

（5）使用【矩形工具】绘制 3 个 208px×57px 的矩形，倒圆角至半圆矩形，使用【文字工具】居中输入文字【灵动宝贝】【活力宝贝】【悦动宝贝】，如图 5-47 所示。

图 5-47 课程分类的制作

2）课程详情的制作

（1）使用【矩形工具】绘制一个 1120px×220px 的矩形，取消填充，添加边框并将边框颜色设置为主题色橘红色，居左添加一个 550px×220px 的矩形，运行插件【Unsplash】搜索关键词【babycourse】，搜索图片并填充到矩形中。

（2）使用【文字工具】在图片右侧添加文字【灵动宝贝早教课堂】，将文字颜色设置为主题色橘红色，在下方添加文字【年龄阶段：3～12 个月】【课程长度：45 分钟（父母可参与）】，如图 5-48 所示。

图 5-48 课程详情的制作

将优教网页的顶部导航栏、中部导航栏、创意课程区进行组合、对齐，得到优教网页首页。

5.5　学习反思

5.5.1　项目小结

本项目基于界面关键元素的组合设计完成了优教 App 登录页、首页、课程页、网页首页的制作，详细介绍相关页面的制作过程。通过对本项目的学习，读者基本熟悉了完整界面的制作过程和技巧。

5.5.2　知识巩固

根据本项目实操内容的学习，完成优教 App 儿歌播放页的制作，参考图如图 5-49 所示。

图 5-49　儿歌播放页的参考图

项目 **6**

掌握 UI 设计的标注和切图

项目导读

标注和切图可以更好地传达设计意图，提供开发所需的资源和准确的设计规范，使 UI 设计师和开发人员之间紧密合作，确保最终实现符合预期，并提供高质量的用户体验。本项目将详细讲解标注和切图的概念、作用、内容、规范、工具等知识，并通过实操进行演示。

学习指南

<table>
<tr><th colspan="4">学习指南</th></tr>
<tr><th></th><th>知识目标</th><th>技能目标</th><th>素质目标</th></tr>
<tr><td>学习目标</td><td>1. 了解标注的概念、作用、内容和规范。
2. 了解切图的概念、作用、规范和工具</td><td>1. 能够独立完成标准交付作业流。
2. 能够根据切图规范完成不同倍率的切图和命名</td><td>培养学生精益求精的工匠精神</td></tr>
<tr><td>实操巩固</td><td colspan="3">1. 2～4 人一个小组，分别将自己设计文件通过协同设计软件（Figma、即时设计、PicSo 或其他）分享链接至小组成员。收到对方的分享文件后，打开文件查看标注信息。
2. 完成优教 App 首页元素的命名与切图</td></tr>
</table>

6.1 标注的概述

6.1.1 标注的概念和作用

标注是指对 UI 中的图标、按钮、线条、文字、图片等元素进行标示和注明，明确元素的尺寸、颜色、状态等具体的参数。标注的作用主要是对 UI 进行精确的参数标记，在后期的程序实现中最大限度地协助程序工程师还原 UI。

6.1.2　标注的内容及规范

1. 标注的内容

标注的主要内容包括文字、间距、颜色、尺寸、状态，而需要标注的对象包括图标、头像、按钮、文字、图片、点、线段等。此处需要注意，不同的元素需要标注的内容也不同，标注示意图如图 6-1 所示。

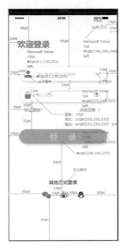

图 6-1　标注示意图

（1）文字。在标注文字时，需要标注清楚文字的字体、字号、颜色，如果有段落文字，则还需要标注段落文字的行距。

（2）间距。在标注间距时，需要标注清楚各元素的左右间距、上下间距、行距等。

（3）颜色。在标注颜色时，需要根据实际情况标注元素的主色、辅助色、背景色、字体色、描边色、列表色、分割线色等。在有透明度时，还需要标注透明度值。

（4）尺寸。在 UI 中，需要标注的尺寸有字体的字号、描边大小、圆角大小，以及各元素（包括头像、图标、图片、按钮、组件、线条、点）的宽度和高度。

（5）状态。部分元素（按钮、文字、组件等）使用不同的颜色表示不同的状态，因此在标注有状态属性的元素时，需要标明不同颜色表示的状态。

2. 标注规范

文字标注：在一般情况下，iOS 文字使用苹方或冬青，英文或数字使用 San Francisco Pro。Android 文字使用思源黑体，英文或数字使用 Roboto，文字标注规范如图 6-2 所示。

图 6-2　文字标注规范

颜色标注：颜色标注有多重标注格式，包括 Hex、RGB、CSS、HSL、HSB 等，目前比较主流的是 Hex 和 RGB，UI 设计师可以和程序员沟通以确认具体使用哪种标注格式。以下是同一种颜色使用不同格式标注的数据展示，如图 6-3 所示。

图 6-3　同一颜色使用不同格式标注

尺寸标注：尺寸标注单位有 px、pt、pd，一般使用 1 倍率的 px 即可，具体单位可以和前端开发工程师沟通后确定，示意图如图 6-4 所示。

间距标注：间距标注要注意 UI 中的两个位置信息，分别是绝对位置和相对位置。可以这么理解，把一个 UI 分成多个大模块，每个大模块中有若干个小元素，绝对位置指的是某个大模块或小元素在整个 UI 中的坐标位置。相对位置指的是某个小元素在大模块中的坐标位置。在标注时，对于大模块，可以使采用绝对位置进行标注，对于小元素，建议使用相对位置进行标注。示意图如图 6-4 所示。

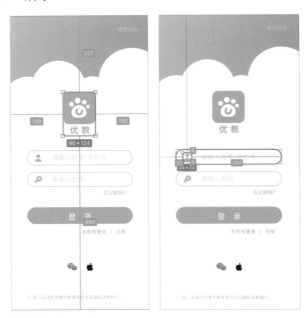

图 6-4　尺寸标注示意图（左）间距标注示意图（右）

状态标注：在状态标注时，需要明确不同颜色所代表的状态，状态一般分为正常状态、禁用状态、划过状态、点击状态、加载状态。例如，面性按钮、线性按钮、文字按钮不同状态下的显示，如图 6-5 所示。

图 6-5　面性按钮、线性按钮、文字按钮不同状态下的显示

3. 标注工具

专业的标注工具非常多，较为常用的支持团队协同作业的标注工具有 PxCook、蓝湖等，Figma 也自带协同标注交付功能。本书将着重介绍 Figma 的标注方式。

6.2　界面标注

6.2.1　优教 App 首页的标注要求与分析

1. 任务描述

使用 Figma 完成优教 App 首页的标注。

2. 任务分析

Figma 具备协同标注交付功能，因此可以直接将 Figma 设计稿源文件通过文件链接的方式分享给程序工程师。程序工程师打开链接，即可直接在客户端或 Web 端查看设计稿中所有元素的标注数据，如图 6-6 所示。

图 6-6　Figma 的协同标注交付功能

6.2.2　优教 App 首页标注实操

1. 设计师端——设计稿分享

（1）在设计稿页面单击右上角的【分享】按钮，输入被分享人的邮箱地址。

（2）将分享范围设置为【可查看】，单击【邀请】按钮。程序工程师将会在邮箱中收到被分享的设计稿，操作如图 6-7 所示。

图 6-7　设计稿分享操作

2. 程序工程师端——标注数据查看

（1）程序工程师登录邮箱后打开 Figma 设计稿文件分享链接，单击【Open in Figma】按钮，页面跳转至 Figma 文件的网页端。

（2）单击任意界面元素，选择页面右侧的【Inspect】选项，查看该元素的所有标注数据，操作如图 6-8 所示。

图 6-8　标注数据查看操作

6.3　切图的概述

6.3.1　切图的概念和作用

切图其实就是把 UI 中最小的设计元素按特定的格式和规则命名、导出、打包。在学习切图之前，我们必须弄清楚为什么需要切图。对前端工程师来说，如果直接将设计稿贴到网站上，则可能会出现因为图片太大导致网页加载过慢，因为局部更改而需要重新上传整张设计稿，无法单独单击某个功能控件（需要额外添加热区才可以单击），无法做到页面自适应等问题。因此，为了更好地解决以上问题，需要将最小元素单独输出，以减小文件包，提高产品的运行效率、组件的复用性和用户体验。当然，也存在需要将整张设计稿贴到网页上的情况，比如图片类引导页、启动页等。引导页图片如图 6-9 所示。

图 6-9　引导页图片

切图作为 UI 设计的输出和程序开发的输入，UI 设计师一定要弄清楚哪些元素需要被切图，基本上开发人员写不出的元素都需要额外切图，如图标、Banner 图、艺术字体、标签、头像、部分按钮（不规则按钮、特殊设计按钮）、动态图形等。切图的基本内容如表 6-1 所示。

表 6-1　切图的基本内容

类型	切什么	不切什么
文字	艺术字体；装饰性文字	常规文字
背景	不规则背景；图形、图片背景；多彩渐变背景	纯色背景；规则渐变背景；矩形、圆角背景
控件	不规则控件；多彩控件	纯色控件 规则图形控件
图标	常规图标	

续表

类型	切什么	不切什么
图片	Banner 图；未加载的默认图片、头像	
分隔元素	不规则曲线	

6.3.2　切图的规范

1．切图的命名

切图的命名一定要有规律，让开发人员能够快速定位、查找。此处提供一种比较常用的命名方式，即【模块/组件_类别_名称_状态@倍数】，在实际工作中，切图的命名要和项目组的开发人员沟通商定，如图 6-10 所示。

图 6-10　常用的命名方式

常见的切图元素的基本命名规范如图 6-11 所示。

组件		类别		状态	
状态条	status	图片	img (image)	默认	default
导航栏	nav	滚动条	scroll	按下	press
标签栏	tab (tabbar)	进度条	progre	点击	highlight
搜索	searchbar	图标	icon	禁用	disabled
工具栏	toolbar	标签	tab	选中	selected
按钮	btn	标记	sign		
编辑菜单	edit menus	编辑框	edit		
标签	lab	背景	bg (background)		
分段选项卡	segmented controls	分割线	di (divider)		
提醒视图	alert view				
弹窗	popup				
扫描	scanning				
选择器	picker				
页面指示器	page controls				
登录	login				
注册	sign up				
主页	home				
发现	fnd				

图 6-11　常见的切图元素的基本命名规范

2. 切图的规则

（1）切图元素的输出格式一般使用 PNG 或 SVG。

（2）切图元素的尺寸必须为偶数，否则会造成界面元素模糊。

（3）控件的全部状态都需要切图输出，如默认状态、滑过状态、点击状态、禁用状态、加载状态等。

（4）重复的界面元素只需要切一份。

3. 切图的尺寸

1）切图的倍率

分辨率不同的设备对切图尺寸的要求也不同，因此切图元素才会要求 1 倍率、2 倍率、3 倍率等多个倍率。需要注意的是切图的尺寸应尽量使用偶数，避免出现 0.5 像素而导致虚边。

移动端常用的尺寸与设计稿对应的切图倍数有着直接的关系。

iOS 端：在 Figma 中一般采用 375px×812px 或 390px×840px 的 1 倍率尺寸进行设计，切图时导出 2 倍率、3 倍率以便向上向下适配主流分辨率。

Android 端：采用 360px×640px 为 1 倍率的尺寸进行设计，切图时导出 2 倍率、3 倍率以便向上向下适配主流分辨率。不同平台 1 倍率尺寸如图 6-12 所示。

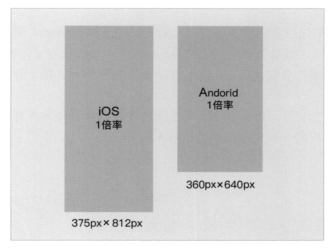

图 6-12   不同平台 1 倍率尺寸

2）切图的大小

同一模块内或同一类型的控件，切图的大小应保持一致，这其实就是盒子模型。我们可以将界面简单理解为一个大盒子，各种元素、控件就是界面中摆放的大大小小不同的盒子，小盒子放在大盒子里，大盒子又放在界面里。这些盒子与我们的切图矩形相匹配，同一种控件的盒子大小相同，就像复制粘贴一样。

但有些控件本身的横纵比、大小不同，所以，对于一些大小不确定的控件，UI 设计师可以为其背景添加一个盒子，切图时按照盒子的尺寸进行切图并导出，这样才能保证设计稿的高度还原和视觉的统一。界面与盒子模型的对应关系如图 6-13 所示。

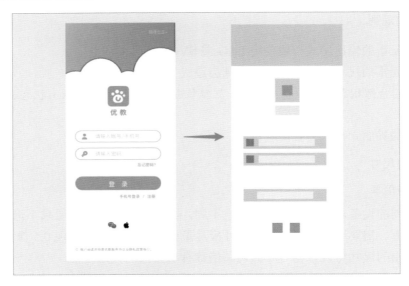

图 6-13　界面与盒子模型的对应关系

注意：随着屏幕越来越高清，UI 设计师们开始直接使用 2 倍率制作设计稿。在实际工作中，UI 设计师可以根据项目的实际情况，动态调整设计稿的基本尺寸。

3）安全尺寸

iOS 人机指导手册里推荐的最小可点击元素的尺寸是 44pt×44pt，是基于 1 倍率的屏幕制定的，换算成物理尺寸大概是 7mm，这也被称为安全尺寸。因此为了图标的精致和用户体验，我们在输出切图时也要考虑安全尺寸，在 1 倍率屏幕中为 44px，在 2 倍率屏幕中为 88px，多倍率屏幕以此类推。

即使图标小于安全尺寸，我们在切图时也需要使用透明区域将其补齐，否则，用户使用起来会非常困难，图标的安全尺寸示意图如图 6-14 所示。

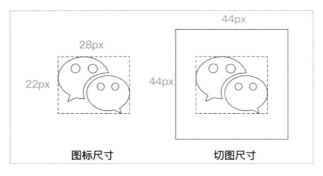

图 6-14　图标的安全尺寸示意图

6.3.3　切图的工具

目前大部分设计软件自身都具备切图功能，为了提高团队的工作效率，大部分企业已经使用 Figma、蓝湖、PxCook 等软件进行协同作业。本书将以 Figma 为例，进行切图的实操演示。

6.4　优教 App 登录页切图

6.4.1　优教 App 登录页的切图要求与分析

1. 任务描述

使用 Figma 完成优教 App 登录页的切图，如图 6-15 所示。

2. 任务分析

登录页中需要切图的内容包括顶部不规则背景、优教图标、用户登录图标、登录密码图标、微信图标和苹果图标。

图 6-15　切图实操参考图

6.4.2　优教 App 登录页切图实操

1. 切图命名

（1）选中登录页中的不规则背景，双击左侧图层下的名称，将名称修改为切图名称【login_bg】。

（2）选中不规则背景，在界面右侧选择【设计】→【导出】选项。

（3）在倍率选项中选择目标倍率，在后缀输入框中输入倍率值，例如，如果目标倍率为 2 倍率，则后缀名可以输入【@2x】，过程如图 6-16 所示。

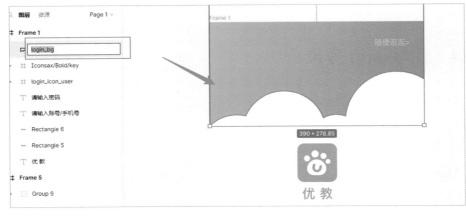

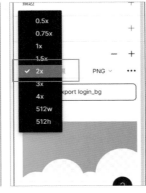

图 6-16 切图命名过程

2. 切图导出

选中不规则背景，在右侧【导出】选区中，单击【Export login_bg】按钮，并选择目标文件夹，过程如图 6-17 所示。

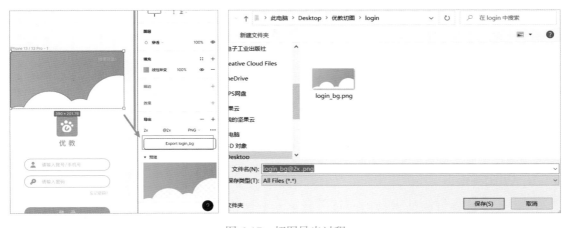

图 6-17 切图导出过程

3. 批量导出

当切图元素较多时，可以采用批量切图的方式进行切图和导出，并自动生成文件夹结构。

（1）将需要切图的元素进行规范命名，在命名前面添加文件夹结构名，如将优教图标的切图命名为【login_icon_logo】，计划放在【login/icon】文件夹中，那么优教图标的名称就应该修改为【login/icon/login_icon_logo】。

（2）选中已添加文件夹结构的界面元素，单击【导出】→【Export】按钮，桌面上会自动生成一个【login/icon】结构的文件夹，所有添加了此文件夹结构的切图元素均导出在此文件夹中，过程如图 6-18 所示。

图 6-18　批量导出过程

6.5　学习反思

6.5.1　项目小结

本项目详细介绍了标注的概念、作用、内容、规范，以及切图的概念、作用、规范、工具，并通过案例演示了当前主流的标注方式、切图方法和切图的命名与导出。通过对本项目的学习，读者可以独立对 UI 进行标注和切图。

6.5.2　知识巩固

1. 思考

（1）标注的作用是什么？

（2）为什么要进行切图？

（3）切图的基本命名规范是什么？

2. 动手

（1）2～4 人为一组，分别将自己设计文件通过协同设计软件（Figma、即时设计、PiCso 或其他）分享给小组成员。收到其他成员分享的文件后，打开文件并查看标注信息。

（2）完成优教 App 首页界面元素的命名与切图，如图 6-19 所示。

图 6-19　优教 App 首页

项目 7

天气类 App 实训

项目导读

　　准确的天气预测可以帮助人们合理安排生活，提高生活的便利性和舒适度。随着技术的发展，天气类 App 也应运而生。本项目面向国风爱好者，以中国传统星宿文化为基础，讲解天气类 App 知天气的 UI 设计过程，与读者一同领略天气类 App 的国风之美，知天气 App 的 UI 参考图如图 7-1 所示。为方便读者学习和理解，本项目将从产品分析与风格定位、草图及原型图设计、界面分析、参数设置、实践过程等方面进行讲解。

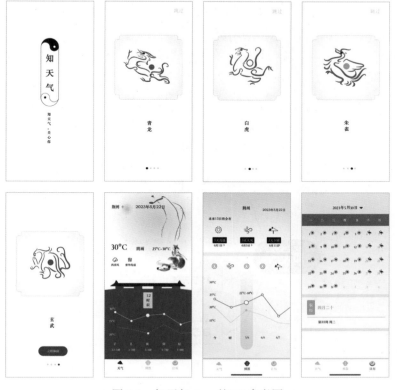

图 7-1　知天气 App 的 UI 参考图

学习指南

	学习指南		
	知识目标	技能目标	素质目标
学习目标	1. 了解国风元素与界面元素相互融合的流程。 2. 了解 UI 设计项目的设计流程	1. 能够根据实操步骤完成知天气 App 的 UI 制作。 2. 能够根据产品原型图独立设计和制作不同风格的 UI	传承和弘扬中华优秀传统文化，丰富学生的精神世界，引导学生形成积极健康的人生观、价值观、文化观，提升学生的文化品位和审美情操
实操巩固	1. 根据实操步骤，完成知天气 App 的 UI 制作。 2. 设计并制作一款以博物馆为主题的 App 界面，输出不少于 5 张 UI		

7.1 产品分析与风格定位

本项目将着重介绍知天气 App 的 UI 设计。在进行 UI 设计之前，需要先对此 App 进行初步的产品分析与风格定位。

7.1.1 产品分析

产品分析的主要目的是了解该款产品要解决的核心问题是什么、主要有哪些功能、目标用户是谁。知天气 App 是一款天气预报类的产品，主要以精简的方式预报当天及未来的天气，目标用户是喜欢传统文化、简洁风格的用户。

知天气 App 主要有城市添加与切换、显示天气详情信息、未来 15 日天气预测、天气日历等功能，其功能架构如图 7-2 所示。

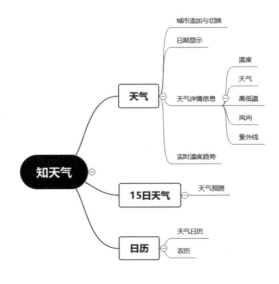

图 7-2　知天气 App 的功能架构

7.1.2 风格定位

知天气是一款针对传统文化爱好者设计的国风天气类 App，因此整体风格会偏向国风，字体、颜色、图标、图片将会基于中国传统文化与现代审美的结合进行设计。通过资料搜集、对比分析，整体风格将使用留白艺术风格，字体使用文悦古典明朝体，图标和图片基于星宿文化的相关元素进行提炼。

1. 色彩规范

知天气 App 以黑白灰为主色系，以红色和蓝色为辅助色，其色彩规范如图 7-3 所示。

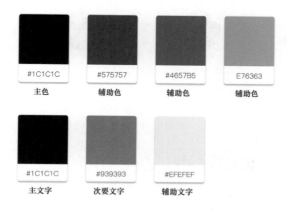

图 7-3 知天气 App 的色彩规范

2. 文字规范

知天气 App 的文字使用文悦古典明朝体，其中，导航栏、功能卡片标题文字的字号为18px，模块中大标题文字的字号为16px，重要级别正文的字号为14px，次要级别正文的字号为12px，其文字规范如图 7-4 所示。

18px（18pt）	标题字号 知天气	用于导航栏、功能卡片标题
16px（16pt）	标题字号 知天气	用于模块中大标题
14px（14pt）	正文字号 知天气	用于重要级别正文
12px（12pt）	正文字号 知天气	用于次要级别正文

行高：1.5
字体：华文中宋
数字：Times News Romen

图 7-4 知天气 App 的文字规范

3. 图标规范

知天气 App 的图标基于传统文化元素提取而来，标签栏图标有天气、预报、日历，分别采用云纹、甲骨、日晷进行设计。城市管理栏目图标有城市、晴天、阴天、大风、下雨等，分别采用古城、太阳、云朵、风向、雨伞等进行设计，其图标规范如图 7-5 所示。

图 7-5　知天气 App 的图标规范

7.2　草图及原型图设计

7.2.1　草图设计

基于产品分析进行初步的草图设计，如图 7-6 所示。

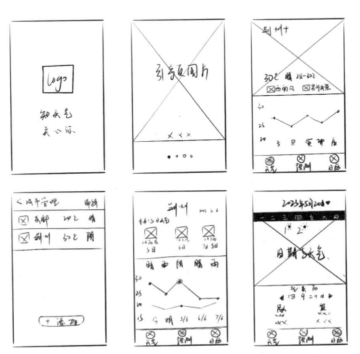

图 7-6　知天气 App 的草图

7.2.2 原型图设计

基于草图内容，使用设计工具进行原型图设计，如图 7-7 所示。

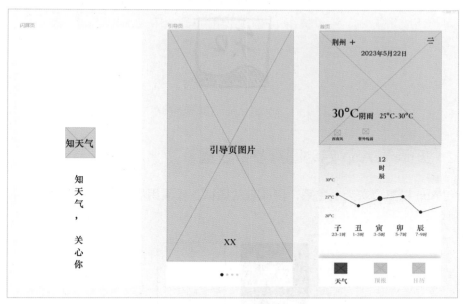

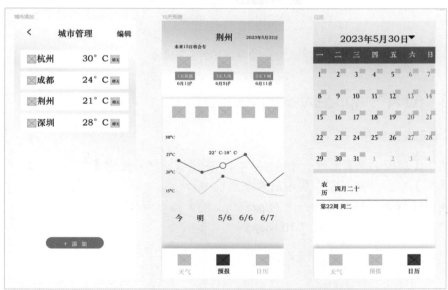

图 7-7 知天气 App 的原型图

7.3 启动图标设计

7.3.1 知天气 App 启动图标分析

启动图标能让人快速联想到 App 的名称、风格等，而知天气作为一款国风的天气类 App，其启动图标的设计既要能看出 App 的名称，还要能传达出 App 的风格。因此，知天气 App 的启动图标将采用【知】字作为图标主要元素，以使用户快速识别 App。使用传统元素太极八卦作为修饰，传达 App 的主要风格。知天气 App 启动图标的草图如图 7-8 所示。

图 7-8　知天气 App 启动图标的草图

7.3.2　知天气 App 启动图标参数设置

知天气 App 以黑白灰为主色系，因此启动图标主要采用黑白两色，启动图标的色彩标准如图 7-9 所示。

图 7-9　启动图标的色彩标准

7.3.3　知天气 App 启动图标实践过程

1．基本元素的制作

（1）使用【画板工具】创建一个 48px×48px 的画板，然后使用【文字工具】添加一个【知】字，并将其左右居中放置在画板中。

（2）使用【椭圆工具】绘制一个 60px×60px 的大圆，两个 30px×30px 的小圆，将圆居中对齐，小圆放置在大圆中，如图 7-10 所示。

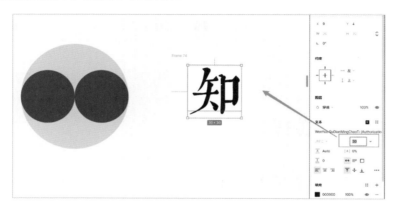

图 7-10　基本元素的制作

2. 八卦元素的制作

使用【矩形工具】绘制一个高、宽均大于 60px 的矩形，覆盖在大圆的上方，并将其移动至大圆中间。选中框形和大圆，选择【布尔运算】→【减去顶层所选项】选项，将得到的结果置于底层。选中右侧的小圆和底部的半圆，选择【布尔运算】→【减去顶层所选项】选项，对剩余的内容选择【布尔运算】→【连集所选项】选项，得到半个太极八卦的形状，如图 7-11 所示。

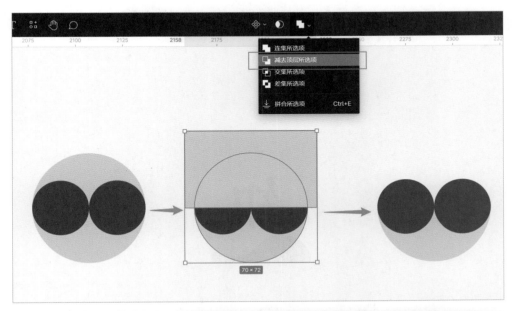

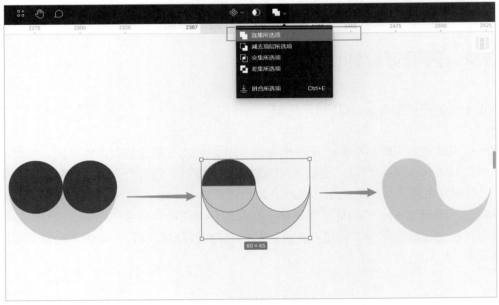

图 7-11　八卦元素的制作

3. 启动图标元素组合

将八卦元素旋转 40°，放入画板并设置颜色，得到最终的启动图标，如图 7-12 所示。

图 7-12　最终的启动图标

7.4　闪屏页设计

7.4.1　知天气 App 闪屏页分析

闪屏页也就是常说的启动页，是用户点击 App 图标之后最先加载出的页面，因此闪屏页决定了用户对 App 的第一印象，是展现产品的核心价值观、强调产品的品牌名称的重要组成部分。闪屏页常使用产品的启动图标与产品的价值观口号（Slogan）进行组合设计。通过原型图可以看出，知天气 App 的闪屏页也是基于产品的启动图标和产品的价值观口号进行组合设计的。而在视觉设计过程中，将进一步把产品的启动图标进行解构，将传统元素更加显性化地展示出来。

7.4.2　知天气 App 闪屏页参数设置

知天气 App 以黑白灰为主色系，因此闪频页主要采用黑白两色作为主色，如图 7-9 所示。

7.4.3　知天气 App 闪屏页实践过程

1.　首页装饰框架的制作

（1）选择【画板工具】后，在界面右侧选择【原型】→【画板】→【手机】→【设备】→【iPhone 13/13 pro】选项。

（2）使用【矩形工具】绘制一个 80px×310px 的矩形，将【圆角】设置为 40，如图 7-13 所示。

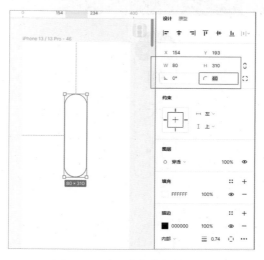

图 7-13　首页装饰框架的制作

2.　太极八卦装饰的制作

（1）复制一份太极八卦图，将【H】设置为 80，分别放置在半圆矩形上下两端。

（2）将下方八卦的描边尺寸设置为 1，填充为白色；上方八卦填充主题色黑色，取消描边。

（3）使用【椭圆工具】绘制两个 10px×10px 的圆，更改颜色后分别放置在上下八卦的半圆处中部，如图 7-14 所示。

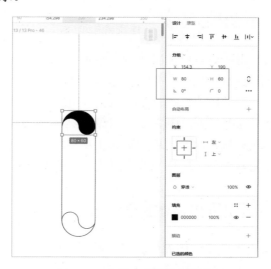

图 7-14　太极八卦装饰的制作

3. 文字的设置

（1）使用【文字工具】在半圆矩形中部添加文字【知天气】，将字号设置为 38，字体设置为【文悦古典明朝体】，字体可以在资源包中下载并安装。

（2）继续使用【文字工具】在半圆矩形下方编辑该 App 的价值观口号【知天气，关心你】，将字号设置为 16，字体设置为【文悦古典明朝体】，如图 7-15 所示。调整位置后，完成闪频页的制作。

图 7-15　文字的设置

7.5　引导页设计

7.5.1　知天气 App 引导页分析

引导页是用户第一次使用或更新后首次使用 App 时，App 展示的一系列图片，这些图片一般有 3～5 张，既可以引导说明 App 的主要功能，也可以推广 App 的品牌文化，引起用户的情感共鸣。知天气作为一款国风天气类 App，品牌文化是其需要大力推广的内容，因此知天气 App 的引导页将以推广品牌文化为目的，设计情感共鸣型的引导页。

中国古代基于星宿预测天气，因此，引导页将采用星宿文化中的青龙、白虎、玄武、朱雀、作为设计元素，提取元素特征，转化为符合现代审美的图案。

7.5.2　知天气 App 引导页参数设置

知天气 App 以黑白灰为主色系，因此闪频页主要采用黑白两色作为主色，蓝色和橙色作为辅助色，引导页的色彩规范如图 7-16 所示。

图 7-16　引导页的色彩规范

7.5.3　知天气 App 引导页实践过程

1. 引导页图案的设计

选取汉代绘有青龙、白虎、玄武、朱雀的瓦当图案作为参考元素，使用纸笔或 Pad 进行设计，提炼出符合现代审美的图案。然后在矢量设计软件 Adobe Illustrator 中进行数字线稿转换，并输出为 SVG 格式的文件。四款图案可以在【项目 7/7.5】中直接调用，如图 7-17 所示。

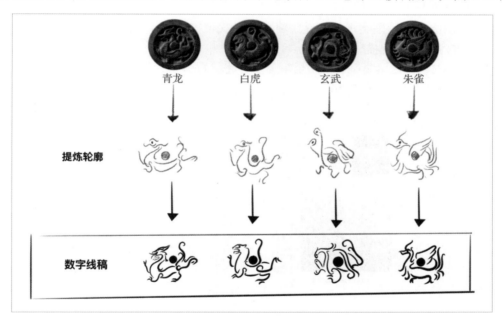

图 7-17　引导页图案设计

2. 引导页框架的设计

（1）选择【画板工具】后，在界面右侧选择【原型】→【画板】→【手机】→【设备】→【iPhone 13/13 pro】选项。

（2）添加布局网格，将模式设置为【行】，【边数】设置为 5，【边距】设置为 40，【间距】设置为 20。再添加模式为【列】的布局网格，将【边数】设置为 5，【边距】设置为 44，【行距】设置为 20。

（3）使用【矩形工具】在第二、三行中绘制一个 302px×296px 的矩形，并在矩形的四个角上分别绘制一个边长为 20px 的正方形。

（4）选中所有矩形，先选择【布尔运算】→【减去顶部所选项】选项，再选择【布尔运算】→【拼合所选项】选项。

（5）双击处理过的多边形，选中 8 个外角顶点，将【圆角】设置为 10，如图 7-18 所示。

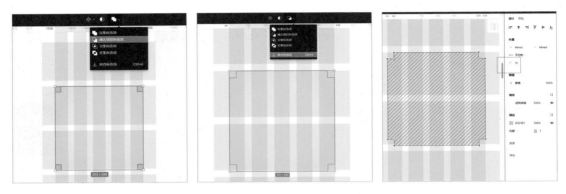

图 7-18　引导页页面框架的设计

3. 图案的设置

（1）将倒圆角后的图案进行填充，将填充模式设置为【径向渐变】，由内向外从白色到灰色渐变，并添加浅灰色描边。

（2）将青龙设计元素复制、粘贴至矩形中并将位置调整为居中，如图 7-19 所示。此处需要注意，布局网格可以根据需要随时隐藏或显示。

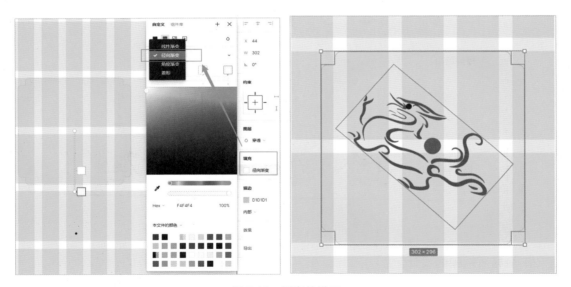

图 7-19　图案的设置

4. 文字的设置

（1）使用【文字工具】添加文字【青龙】，放置在第四行网格居中位置，将字体设置为【文悦古典明朝体】，字号设置为 22。

（2）使用【文字工具】添加文字【跳过】，放置在第一行网格右上角，将字体设置为【文悦古典明朝体】，字号设置为 22，颜色设置为浅灰色，如图 7-20 所示。

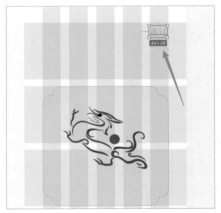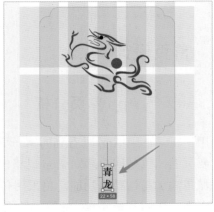

图 7-20　文字的设置

5. 轮播点的设置

（1）使用【椭圆工具】绘制一个 10px×10px，三个 8px×8px 的圆，全选后，横向居中对齐，将间距调整为 8。

（2）将 10px×10px 的圆填充为黑色，其余的圆填充为灰色，如图 7-21 所示。至此，引导页第一页就制作完成了，根据同样的操作方法，将白虎、朱雀、玄武设计在引导页中，其中，最后一张引导页需去掉文字【跳过】，在底部添加文字【立即体验】，效果如图 7-22 所示。

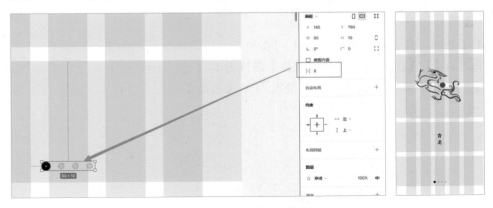

图 7-21　轮播点的设置

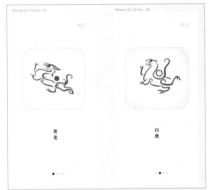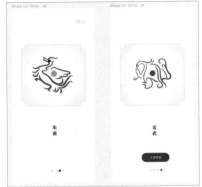

图 7-22　引导页的效果

7.6 首页设计

7.6.1 知天气 App 首页分析

首页是用户正式使用 App 时看到的第一页，具有大量的功能入口，是流量分发、用户行为转换的重要页面，也是用户感知 App 风格的关键页面。知天气 App 首页主要有天气详情、气温详情、城市添加与切换等功能，将采用传统的天气预测工具观星台作为主要视觉元素，传统风格的水墨画作为背景元素，标签栏的天气、预测、日历分别采用云朵、甲骨、日晷作为设计元素。

7.6.2 知天气 App 首页参数设置

知天气 App 以黑白灰为主色系，因此首页主要采用黑白两色作为主色，如图 7-9 所示。

7.6.3 知天气 App 首页实践过程

1. 页面框架的搭建

使用【画板工具】创建 iPhone 13 尺寸的画板，依次添加模式为【行】和【列】的布局网格，将模式为【行】的布局网格的【边数】设置为5，【边距】设置为44，【间距】设置为20。模式为【列】的布局网格的【边数】设置为3，【边距】设置为24，【间距】设置为20，如图 7-23 所示。

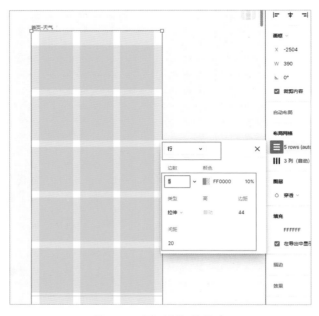

图 7-23 页面框架的搭建

2. 背景的设置与文字的添加

（1）使用【矩形工具】绘制一个 390px×334px 的矩形，将填充模式设置为【径向渐变】，透明度设置为 100%。然后将项目素材文件【项目 7/7.6】中的【放牛娃】图片文件复制到 Figma 中，并放置到矩形右侧。

（2）使用【文字工具】添加文字【荆州+】并放置在第一列与第一行交界的左上角。添加文字【2023 年 5 月 30 日】并放置在第一行、第二列的居中位置，字号均设置为 18，如图 7-24 所示。

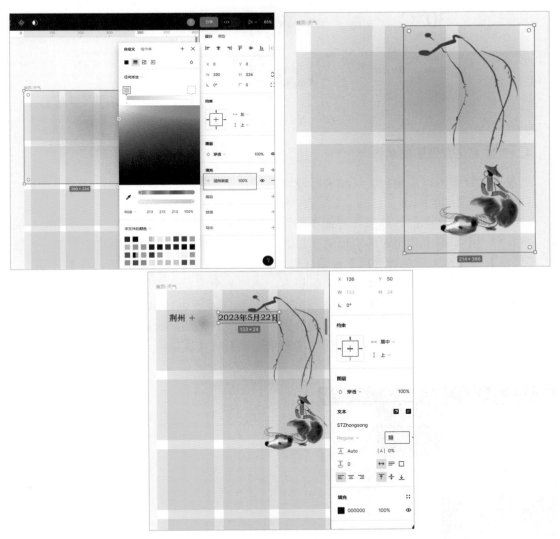

图 7-24　背景的设置及文字的添加

3. 天气详情的制作

（1）使用【文字工具】分别添加文字【30℃】【阴雨】【25℃～30℃】【西南风】【紫外线弱】，字号分别设置为 36、18、18、12、12，将位置调整至第二行网格中。

（2）将项目素材文件【项目 7/7.6】中的【西南风】和【紫外线】图标文件复制到 Figma 中，并调整至合适位置，如图 7-25 所示。

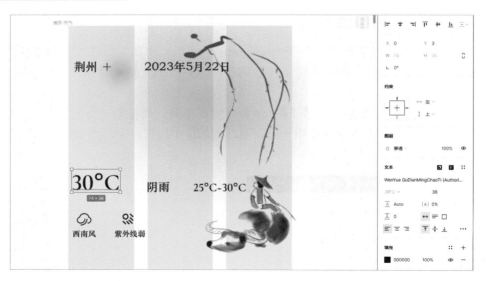

图 7-25　天气详情的制作

4．气温变化背景图的制作

气温变化背景图以观星台为灵感进行设计。

1）观星台顶部的制作

（1）将观星台实际照片放置在界面左侧作为参考，在界面中绘制两个 170px×28px 的矩形，将其中一个矩形上移至底部矩形的 1/2 处，并朝右侧移动 40px。选中两个矩形，先选择【布尔运算】→【减去顶层所选项】选项，再选择【布尔运算】→【拼合所选项】选项。

（2）双击拼合后的图形，添加一个编辑点，调整各个编辑点的位置，对线条中间的编辑点 2、编辑点 4 倒圆角 20，对编辑点 1、编辑点 3、编辑点 5 倒圆角 1。

（3）将得到的图形的颜色设置为主题色黑色，复制并粘贴一份后右击，在弹出的快捷菜单中选择【水平翻转】命令，对齐后选择【布尔运算】→【连集所选项】选项得到观星台顶部，如图 7-26 所示。

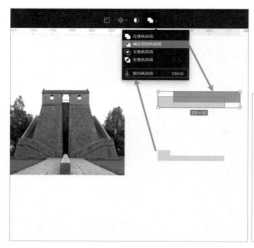
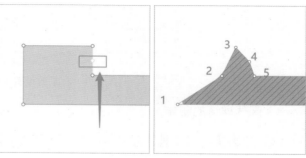

图 7-26　观星台顶部的制作

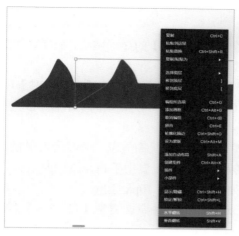

图 7-26　观星台顶部的制作（续）

2）观星台中部的制作

（1）使用【矩形工具】分别绘制 120px×12px、46px×6px 的矩形，上下左右居中对齐，同时选中两个矩形后选择【布尔运算】→【减去顶层所选项】选项。

（2）使用【矩形工具】绘制一个 195px×324px 的矩形，矩形右侧居中对齐观星台顶部。

（3）同时选中观星台中部的两个矩形，先选择【布尔运算】→【连集所选项】选项，再选择【布尔运算】→【拼合所选项】选项。双击拼合图形，将最左侧顶点下移 6px。

（4）复制、粘贴拼合图形并右击，在弹出的快捷菜单中选择【水平翻转】命令。选中两个拼合图形，选择【布尔运算】→【连集所选项】命令，调整颜色，放置在界面中，如图 7-27所示。

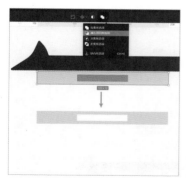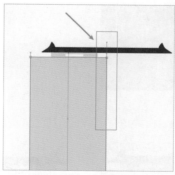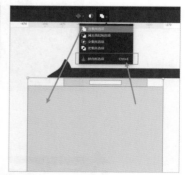

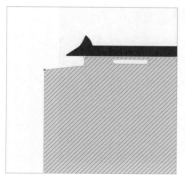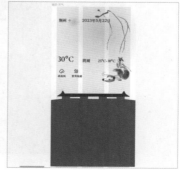

图 7-27　观星台中部的制作

5. 气温变化折图线的制作

（1）隐藏界面中已有的布局网格，添加一个模式为【列】的布局网格，将【边距】设置为24，【间距】设置为 20。

（2）使用【文字工具】添加横向文字【子】【丑】【寅】【卯】【辰】【23-1 时】【1-3 时】【3-5 时】【5-7 时】【7-9 时】，以及纵向数值【20℃】【25℃】【30℃】，横向文字居中放置在 5 列网格上。

（3）使用【钢笔工具】绘制气温变化折线图，实线代表最高气温，虚线代表最低气温。同时，绘制 10px×10px 的圆放置在每个温度拐点处。在最高气温中手指点选的时辰处，将圆的尺寸更改为 20px×20px，最低气温中手指点选处圆的尺寸为 10px×10px。

（4）使用【矩形工具】绘制一个 46px×76px 的矩形，并添加文字【12 时辰】，如图 7-28所示。

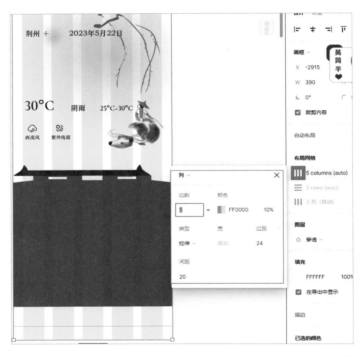

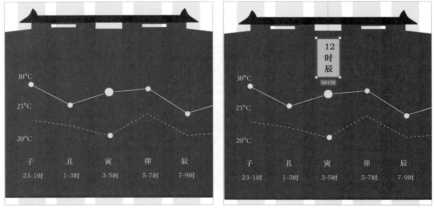

图 7-28　气温变化折线图的制作

6. 标签栏的制作

（1）框架搭建：选中画板，隐藏 5 列布局网格，显示 3 列布局网格。

（2）使用【矩形工具】绘制一个 390px×83px 的矩形放置在画板底部，将【效果】设置为投影，投影位置【x】设置为-4。在距离底部 34px 处，从界面顶部拉出参考线，参考线下面作为虚拟 Home 键区域，参考线上面作为标签区。

（3）将传统云纹、甲骨、日晷进行提炼，将提炼结果分别作为天气、预报、日历的图标。也可直接使用项目素材文件【项目 7/7.6】中的图标。

（4）将图标分别居中放置在标签栏的 3 列中，并使用【文字工具】分别添加文字【天气】【预报】【日历】，将字号设置为 14，如图 7-29 所示。

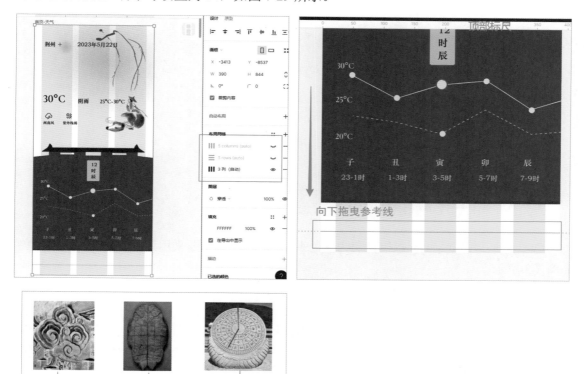

图 7-29 标签栏的制作

7.7 预测页设计

7.7.1 知天气 App 预测页分析

预测页主要是分析和展示未来 15 天的天气情况，使用图表形式进行展示。通过分析以下原型图和预期效果图可以将预测页分为天气总结部分、15 天天气部分、标签区，对以上几个部分分别进行制作，如图 7-30 所示。

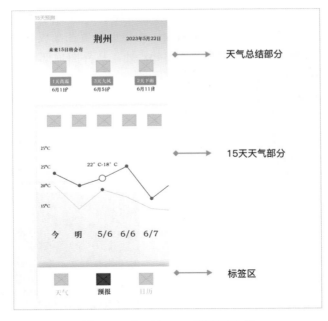

图 7-30　知天气 App 预测页分析

7.7.2　知天气 App 预测页参数设置

色彩设置：知天气 App 以黑白灰为主色系，因此预测页主要采用黑白两色作为界面主色，如图 7-3 所示。

字号设置：导航栏标题字号为 18，日期的字号为 12，其余文字的字号为 14。

7.7.3　知天气 App 预测页实践过程

1．天气总结部分的制作

（1）创建画板，添加布局网格，将模式设置为【列】，【边数】设置为 3，【边距】设置为 24，【间距】设置为 20。再次添加布局网格，将模式设置为【行】，【边数】设置为 12，【边距】设置为 44，【间距】设置为 20。

（2）使用【矩形工具】绘制一个 390px×270px 的矩形，将填充模式设置为【线性渐变】，从上到下使用灰色至白色的渐变。

（3）使用【文字工具】添加导航栏标题【荆州】并居中放置在第一行，添加文字【未来 15 日将会有】放置在第二的行左上角。

（4）将高温、大风、大雨 3 个传统风格图标分别居中放置在三列中。使用【矩形工具】绘制尺寸为 60px×22px、【圆角】为 2 的矩形，填充主题色，添加天气总结类文字，如【1 天高温】【3 天大风】【2 天下雨】等。在矩形下方添加具体日期文字，如图 7-31 所示。

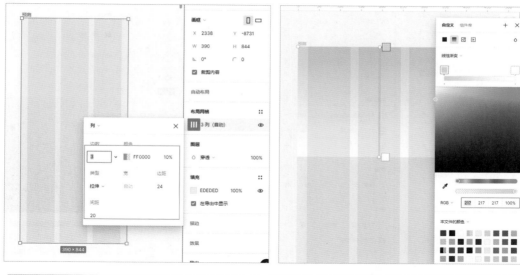

图 7-31 天气总结部分的制作

2. 15 天天气部分的制作

（1）隐藏界面中已有的布局网格，添加一个模式为【列】的布局网格，将【边数】设置为5，【边距】设置为24，【间距】设置为20。

（2）使用【矩形工具】绘制一个 390px×488px 的矩形，将填充模式设置为【线性渐变】，从上到下设置为从白色到灰色的渐变。

（3）使用【文字工具】添加横向文字【今天】【明天】，以及连续日期和纵向数值【15℃】【20℃】【25℃】【30℃】，横向文字居中放置在 5 列网格上，纵向文字放置在第 1 列左侧。

（4）使用【钢笔工具】绘制气温变化折线图，深色代表最高气温，浅色代表最低气温，同时绘制 10px×10px 的圆并放置在每个温度拐点处。将最高气温中被选中的日期处的圆的尺寸更改为 20px×20px，将最低气温中被选中的日期处的圆的尺寸更改为 10px×10px。

（5）使用【矩形工具】在被选中的日期处绘制一个 56px×426px 的矩形，底部倒圆角 30，填充模式设置为【线性渐变】，从上到下设置为从白色到灰色的渐变。

（6）将项目素材文件【项目 7/7.6】中的天气情况图标分别居中放置在 5 列网格中，如图 7-32 所示。

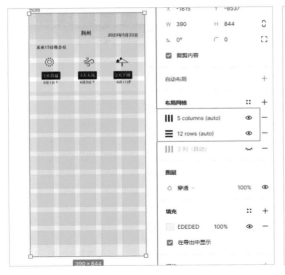
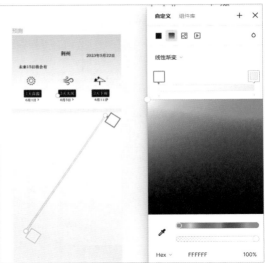

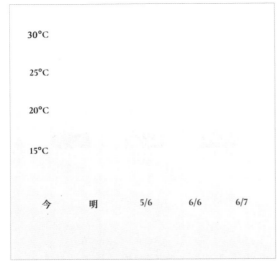
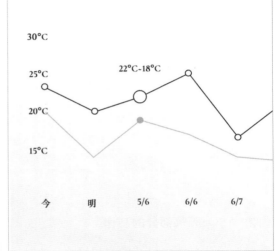

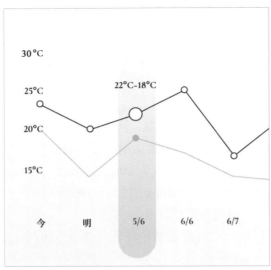
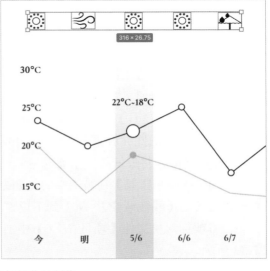

图 7-32　15 天天气部分的制作

3. 标签区的制作

复制【天气】页面的标签区，将甲骨图标和【预报】文字设置为主题色黑色。云朵图标和【天气】文字设置为灰色，如图 7-33 所示。

图 7-33　标签区的制作

7.8　日历页设计

7.8.1　知天气 App 日历页分析

日历页主要基于日历显示每天的天气情况，目前最多可以显示近三个月的天气情况。基于原型图可将本页面分为日历显示部分、农历显示部分、标签区，如图 7-34 所示。

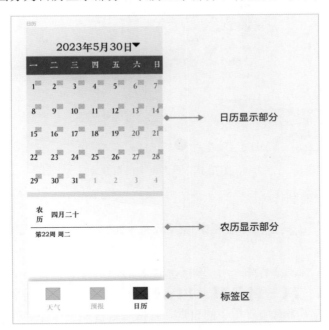

图 7-34　日历内容分析

7.8.2　知天气 App 日历页参数设置

色彩设置：知天气 App 以黑白灰为主色系，因此日历页主要采用黑白两色作为界面主色，橘红色作为辅助色，如图 7-3 所示。

字号设置：导航栏标题的字号为 18，日期的字号为 12，其余文字的字号为 14。

7.8.3　知天气 App 日历页实践过程

1.　页面框架的搭建

（1）使用【画板工具】创建 iPhone 13 尺寸的画板，依次添加模式为【行】和【列】的布局网格，将模式为【行】的布局网格的【边数】设置为 13，【边距】设置为 44，【间距】设置为 16；将模式为【列】的布局网格的【边数】设置为 7，【边距】设置为 24，【间距】设置为 16。

（2）先使用【矩形工具】绘制一个 390px×760px 的矩形，将填充模式设置为【线性渐变】，从上到下设置为从灰色到白色的渐变。再使用【矩形工具】绘制一个 390px×16px 的矩形并放置在布局网格第 8 行布局，如图 7-35 所示。

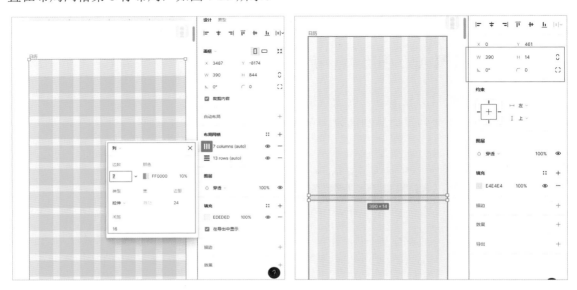

图 7-35　页面框架的搭建

2.　日历显示部分的制作

（1）先使用【文字工具】在导航栏中输入日期【2023 年 5 月 30 日】，再使用【多边形工具】绘制一个三角形。

（2）先使用【矩形工具】绘制一个 390px×54px 的矩形并放在日期下方，再使用【文字工具】输入文字【一】【二】【三】【四】【五】【六】【日】，将文字分别居中放在 7 列网格上。

（3）使用【文字工具】添加日历中的日期，并在每个日期上标注好天气状态图标，注意将日期居中对齐【行】布局网格，如图 7-36 所示。

3.　农历显示部分的制作

（1）隐藏部分布局网格，仅保留 7 列布局网格，使用【矩形】工具绘制一个 35px×68px 的矩形，将【圆角】设置为 4，颜色设置为辅助色红色。

（2）使用【文字工具】添加文字【农历】，并上下居中放在红色矩形中。

（3）使用【文字工具】添加文字【四月二十】，放在矩形右侧，将字号设置为 18。

（4）使用【线条工具】绘制一根长 342px、宽 1px 的红色线条，并在线条下方添加文字

【第 22 周　星期二】，如图 7-37 所示。

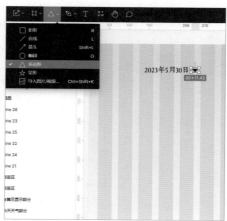

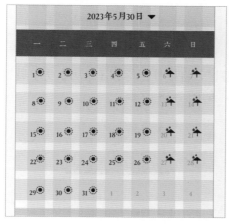

图 7-36　日历显示部分的制作

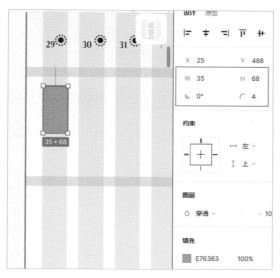
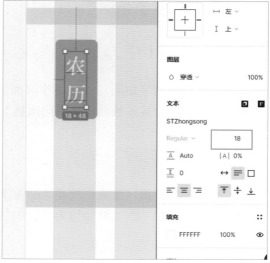

图 7-37　农历显示部分的制作

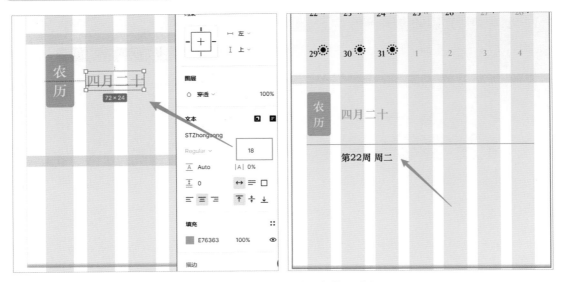

图 7-37　农历显示部分的制作（续）

4．标签区的制作

复制【预报】界面的标签区，将甲骨图标和【日历】文字设置为主题色黑色，将甲骨图标和【预报】文字设置为灰色，如图 7-38 所示。

图 7-38　标签区的制作

7.9　学习反思

7.9.1　项目小结

本项目详细分解了知天气 App 各个界面的设计与制作，通过对知天气 App 部分界面的设计与制作，读者已经具备独立设计不同风格 UI 的能力。

7.9.2　知识巩固

（1）根据实操步骤，完成天气类 App 知天气的 UI 制作。

（2）设计并制作一款以博物馆为主题的 App 的 UI，输出不少于 5 张 UI。

项目 8

购物类 App 实训

项目导读

电商的出现和高速发展改变了人们的购物方式和习惯，创造了更高效、智能化和个性化的购物体验，极大地便利了人们的生活。本项目面向部分有个性、追求小众艺术和品质的年轻人，讲解购物类 App 艺购的 UI 设计过程，艺购 App UI 的参考图如图 8-1 所示。为方便读者学习和理解，本项目将从产品分析与风格定位、草图及原型图设计、界面分析、参数设置、实践过程等方面进行讲解。

图 8-1　艺购 App UI 的参考图

学习指南

学习指南			
	知识目标	技能目标	素质目标
学习目标	1. 了解 UI 设计项目的基本流程和输出物。 2. 了解设计规范在 UI 设计项目中的实际应用	1. 能够根据实操步骤完成相应 UI 的制作。 2. 能够根据产品原型图独立设计和制作 UI 视觉界面	学会具体问题具体分析，培养学生实事求是精神，进一步激发学生爱岗敬业的精神
实操巩固	1. 根据实操步骤，完成购物类 App 艺购的 UI 制作。 2. 设计并制作一组以音乐为主题的 UI，输出不少于 5 张 UI		

8.1 产品分析与风格定位

本项目将基于购物类 App 艺购，为读者展示更加完整的 UI 设计过程。通过参与本项目，读者将获得丰富的实践经验，提升自己的设计技能，为提升用户体验并设计用户喜爱的 UI 奠定坚实基础。在进行 UI 设计之前，需要先对这款 App 进行初步的产品分析与风格定位。

8.1.1 产品分析

艺购是一款针对具有一定购买力、有较高生活品位的年轻用户群体的简约化购物类 App，艺购 App 抓住了部分年轻人追求个性、喜爱小众品质好物的心理特点，解决了目前购物类 App 同质化程度高、品质参差不齐的问题，以轻奢、简洁、品质、设计等关键要素来强化品牌调性，提高品牌认可度和接受度。艺购 App 的主要模块包括首页、分类、灵感、购物袋、我的，其架构如图 8-2 所示。

图 8-2 艺购 App 的架构

8.1.2　风格定位

艺购是一款针对年轻用户群的品质、简约、小众购物 App，因此整体的风格定位关键词为年轻、艺术、品质、简洁。

1. 色彩规范

根据视觉情绪图片提取颜色，并制定色彩规范，如图 8-3 所示。

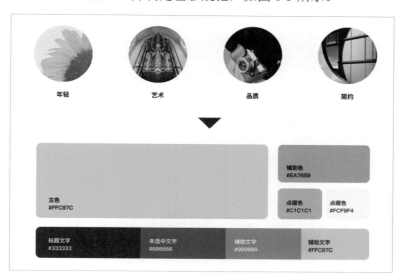

图 8-3　艺购 App 的色彩规范

2. 文字规范

艺购 App 的文字采用苹方字体，其中，导航栏、功能卡片标题的字号为 18px，模块中大标题的字号为 16px，重要级别正文的字号为 14px，次要级别正文的字号为 12px，如图 8-4 所示。

图 8-4　艺购 App 的文字规范

3. 图标规范

购物类 App 较多，也较成熟，用户已经形成了一定的认知习惯，因此艺购 App 的图标主要采用符合大众认知的通用图标，图标均来自 Figma 插件【IconPark】。如图 8-5 所示，金刚区图标包括鞋服饰品、居家好物、3C 数码、艺购优选、小众精品；订单图标包括待付款、待发货、待收货、待评价和退货/售后；个人资料图标包括收藏品牌、浏览记录、心愿单、我的点赞；标签栏图标包括首页、分类、灵感、购物袋、我的。

图 8-5　艺购 App 的图标规范

8.2　草图及原型图设计

8.2.1　草图设计

基于产品的信息架构、核心功能分析，可以在纸上或设计工具上先快速绘制相关草图，如图 8-6 所示。

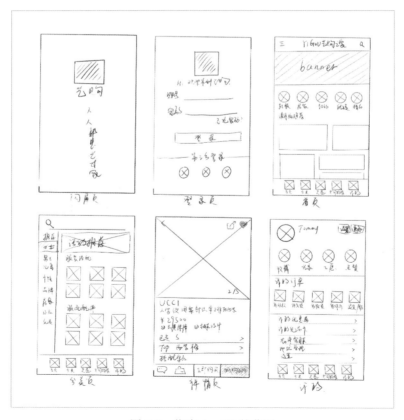

图 8-6　艺购 App UI 的草图

8.2.2 原型图设计

原型图在 UI 设计中扮演着重要的角色。它是设计思路和创意的可视化呈现，是验证和沟通设计概念的工具，也是评估用户体验和推动设计迭代的手段。通过原型图，UI 设计师能够更好地理解用户需求、优化用户体验，并确保设计的顺利实现。根据前面的草图，可以使用 Figma 绘制艺购 App 低保真原型图，如图 8-7 所示。

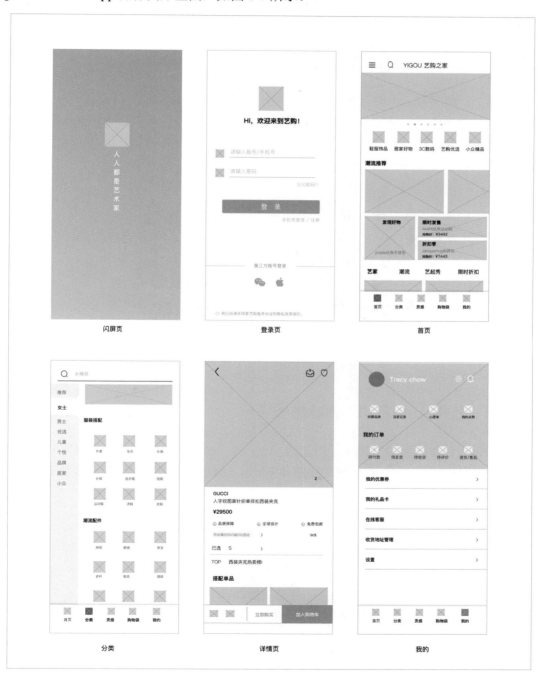

图 8-7 艺购 App 的低保真原型图

8.3 启动图标设计

启动图标是指在用户启动 App 时显示在设备屏幕上的图标。它是 App 的标识，代表 App 并为用户提供快速识别和访问的方式。启动图标能让用户快速识别 App 的名称，强化品牌形象，提高用户体验，预判产品风格气质等。

8.3.1 艺购 App 启动图标分析

艺购作为一款年轻、简约、艺术、时尚的小众购物类 App，其启动图标的设计既要让用户快速识别 App 的名称，还要传达出 App 的格调。因此，艺购 App 的启动图标将采用艺术的英文单词 Art 作为主要元素，以使用户快速识别 App，使用文字组合、几何设计等方式传达品牌格调。启动图标的推演过程及效果图如图 8-8 所示。

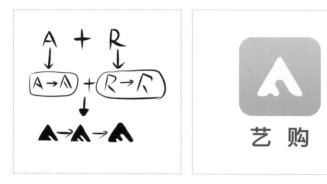

图 8-8 启动图标的推演过程及效果图

8.3.2 艺购 App 启动图标参数设置

艺购 App 启动图标的主要将采用艺购 App 的主题色，包括橙黄色#FFC97C、橘红色#EA7659、米白色#FCF9F4，色彩规范如图 8-9 所示。启动图标在制作过程中涉及不同图形的组合，基本图形的参数如表 8-1 所示。

图 8-9 艺购 App 启动图标的色彩规范

表 8-1　基本图形的参数

名称	尺寸	圆角
画板	60px×60px	
三角形	50px×50px	2
圆	8px×8px	
矩形	8px×30px	5

8.3.3　艺购 App 启动图标实践过程

1．启动图标基本图形的制作

（1）首先使用【画板工具】创建一个 60px×60px 的画板作为 1 倍率尺寸的启动图标外框，然后使用【多边形工具】绘制一个 50px×50px 的三角形并倒圆角 2。

（2）使用【矩形工具】绘制一个 8px×30px 的矩形，并倒圆角至半圆矩形。

（3）使用【椭圆工具】绘制一个 8px×8px 的圆，如图 8-10 所示。

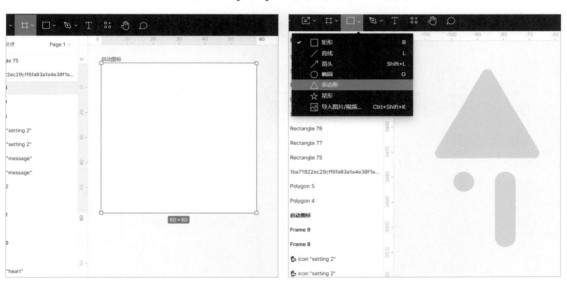

图 8-10　启动图标基本图形的制作

2．启动图标轮廓的制作

（1）选择半圆矩形，将【旋转】设置为 30，将圆和半圆矩形放置在三角形上方并调整位置。

（2）先选中 3 个图形，选择【布尔运算】→【减去顶层所选项】选项，得到启动图标的轮廓图形。再选择【布尔运算】→【拼合所选项】选项。

（3）双击图形，将图形的编辑点 1、编辑点 2、编辑点 3、编辑点 4 分别倒圆角为 4、2、2、8，如图 8-11 所示。

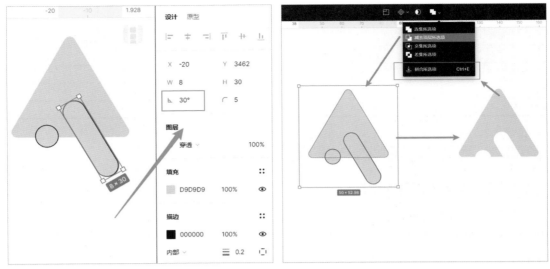

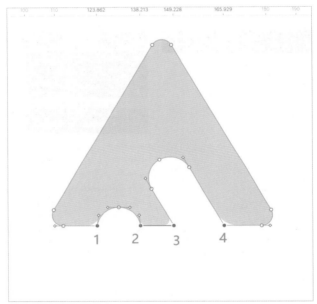

图 8-11　启动图标轮廓的制作

3. 启动图标的色彩配置

（1）将图标上下左右居中放置在 60px×60px 的画板中，选中画板，在右侧的【设计】窗格中选择【填充】→【线性渐变】选项，将上下两个渐变色块分别设置为橙黄色【FFC97C】、橘红色【EA7659】。

（2）选中图标，将颜色更改为米白色【FCF9F4】，得到最终图标，如图 8-12 所示。

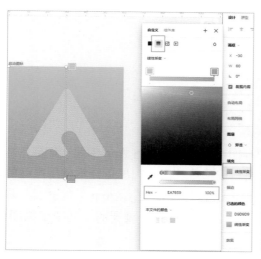
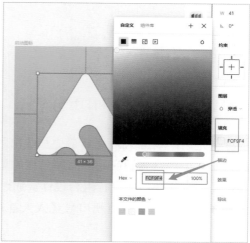

图 8-12　启动图标的色彩填充

完成启动图标制作之后，可以将刚才的用到的主题色设置为组件，使其他图形能够复用。首先选择启动图标画板，单击【填充】右侧的【设置】按钮弹出【组件库】对话框，单击【组件库】对话框右上角【+】按钮，弹出【样式】对话框，将【名称】设置为【主题渐变色】，其他颜色均可按照此操作完成颜色的组件设置，如图 8-13 所示。

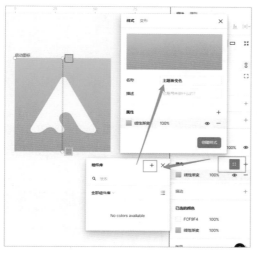
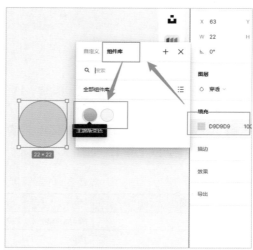

图 8-13　色彩组件创建

8.4 闪屏页设计

8.4.1 艺购 App 闪屏页分析

闪屏页是用户单击 App 之后最先加载出的画面，承载了用户对 App 的第一印象，是展现产品的核心价值观、强调产品的品牌名称的重要组成部分。因此闪屏页经常使用产品的启动图标和产品的价值观口号进行组合设计。通过原型图可以看出，艺购 App 的闪屏页是基于产品的启动图标和产品的价值观口号【人人都是艺术家】进行组合设计的，其效果如图 8-14 所示。

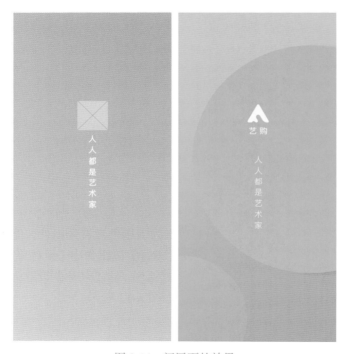

图 8-14　闪屏页的效果

8.4.2 艺购 App 闪屏页参数设置

艺购 App 闪屏页的主要色彩将采用艺购 App 的主题色，包括橙黄色#FFC97C、橘红色 #EA7659、米白色#FCF9F4，如图 8-9 所示。闪屏页涉及的几何图形的参数如表 8-2 所示。

表 8-2　闪屏页涉及的几何图形的参数

名称	尺寸	圆角
圆	620px×620px，390px×390px	-
产品名	18px	-
产品口号	18px	-

8.4.3 艺购 App 闪屏页实践过程

1. 背景的制作

使用【画板工具】创建 iPhone 13 尺寸的画板，选择【填充】→【组件库】→【主题渐变色】选项，完成画板背景色的填充。使用【矩形工具】分别绘制 620px×620px、390px×390px 的圆，放置在画板中并调整位置。然后对两个圆填充主题渐变色并微调主题渐变色在圆上的过渡效果，如图 8-15 所示。

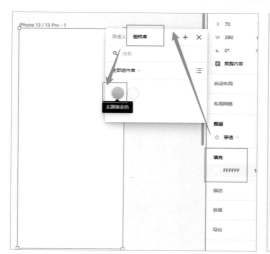
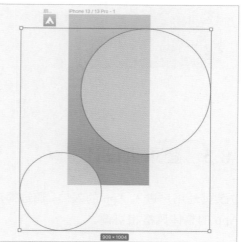
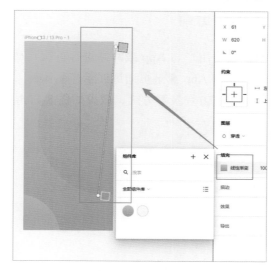

图 8-15 背景的制作

2. 文字的设置

按住 Ctrl 键选中启动图标，将启动图标复制并粘贴到闪屏页画板上，锁定横纵比，将图形宽度设置为 60，居中对齐画板。使用【文字工具】添加文字【艺购】，字号为 18，居中对齐放在启动图标下方。继续使用【文字工具】添加产品口号【人人都是艺术家】，字号为 18，如图 8-16 所示。

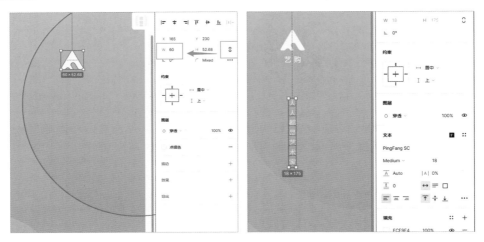

图 8-16　文字的设置

8.5　登录页设计

登录页是用户进入 App 的入口，通过简洁明了的设计为用户提供安全、便捷的登录方式，并与 App 的整体风格相协调。

8.5.1　艺购 App 登录页分析

登录页的设计至关重要，它是用户与 App 或网站进行首次互动的界面，直接影响用户对产品的第一印象和使用体验。艺购 App 登录页通过展示产品图标、欢迎语来迎接用户，提供账号密码登录、手机号登录、第三方登录等方式，效果如图 8-17 所示。

图 8-17　登录页的效果

8.5.2　艺购 App 登录页参数设置

艺购 App 登录页的主要采用艺购 App 的主题色，包括橙黄色#FFC97C、橘红色#EA7659、米白色#FCF9F4，如图 8-9 所示。登录页中涉及的元素的基本参数如表 8-3 所示。

表 8-3　登录页中涉及的元素的基本参数

类别	名称	尺寸	圆角
布局或图形	布局网格设置	列：5 列，【间距】为 20。 行：8 行，【边距】为 20，【间距】为 16	-
	登录/密码的线段	266px×1px	
	登录矩形框	266px×46px	
	隐私条款圆形	10px×10px	
文字	Hi，欢迎来到艺购！	18px	
	输入账号/输入密码	14px	
	登录	16px	4
	忘记密码	14px	
	手机号登录/注册	14px	
	第三方登录	14px	
	隐私条款文字	12px	

8.5.3　艺购 App 登录页实践过程

1. 框架的设置

（1）使用【画板工具】添加新的画板，将画板名称修改为【登录页】。

（2）添加布局网格，将模式设置为【列】，【边数】设置为 5，【间距】设置为 20；再次添加布局网格，将模式设置为【行】，【边数】设置为 8，【边距】设置为 20，【间距】设置为 16。

（3）将启动图标复制并粘贴到新画板中，将启动图标的【圆角】更改为 13，对其布局网格的第二行，并在启动图标下方添加欢迎语【Hi，欢迎来到艺购！】，如图 8-18 所示。

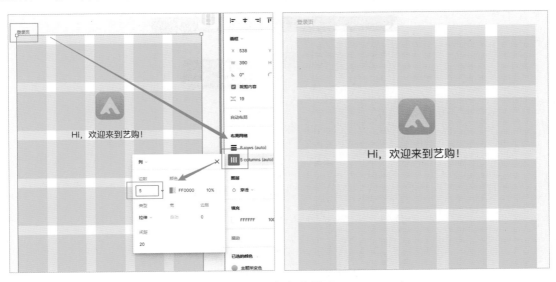

图 8-18　框架的设置

2. 登录模块的制作

（1）搜索并打开插件【IconPark】，分别搜索【用户】【钥匙】【QQ】【微信】【苹果】，选取对应图标并拖曳至画板。将【用户】【钥匙】图标的颜色设置为主题色橙色，【QQ】【微信】【苹果】图标的颜色设置为辅助色灰色。

（2）使用【直线工具】绘制两条 266px×1px 的直线，将线条的颜色设置为主题色橙色，分别放置在【用户】【钥匙】图标下，并在线条上方和下方分别添加文字【请输入账号/手机号】【请输入密码】【忘记密码？】，将文字颜色设置为主题色橙色，透明度设置为 60%。

（3）使用【矩形工具】绘制 266px×46px 的矩形，将【圆角】设置为 4，填充为主题渐变色。然后使用【文字工具】添加文字【登录】，上下左右居中放置在矩形中。

（4）使用【文字工具】添加文字【第三方账号登录】，居中放置在页面下方，两侧添加 118px×1px 的直线。选中【QQ】【微信】【苹果】图标，选择【居中对齐】→【整理】选项。

（5）在页面底部添加隐私条款声明文字【我已阅读并同意艺购服务协议和隐私政策指引。】并添加 10px×10px 的圆形选框，如图 8-19 所示。

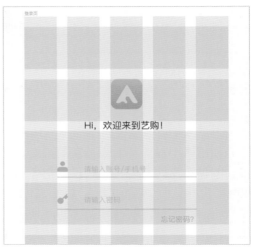
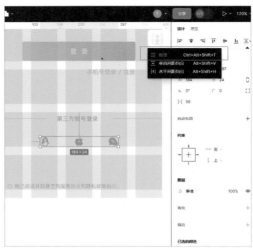

图 8-19　登录模块的制作

8.6 首页设计

首页是用户正式使用 App 时看到的第一页，承载了大量的功能入口，是流量分发、用户行为转化的重要页面，也是用户感知 App 风格气质的关键页面。

8.6.1 艺购 App 首页分析

艺购 App 首页的主要功能有 Banner 区的精品推荐、金刚区的流量分发入口、瓷片区的不同活动好物推荐及标签区的功能切换。通过高品质图片、精简页面活动、缩短购物操作步骤等方式响应 App 年轻、艺术、品质、简洁的产品风格。首页的原型图及参考图如图 8-20 所示。

图 8-20 艺购 App 首页的原型图及参考图

8.6.2 艺购 App 首页参数设置

艺购 App 首页采用艺购 App 的主题色，包括橙黄色#FFC97C、橘红色#EA7659、米白色#FCF9F4。首页中涉及的元素基本参数如表 8-4 所示。

表 8-4　首页中涉及的元素的基本参数

类别	名称	尺寸
布局、图形、图片	布局网格设置	列：5 列，【边距】为 16，【间距】为 20。 行：14 行，【边距】为 20，【间距】为 20
	Banner 图	390px×138px
	Banner 区圆点	10px×10px
	潮流推荐图	208px×120px
	发现好物图框	150px×156px
	限时发售、折扣季图	200px×74px
	艺家图	174px×90px
	金刚区图标	28px×28px
	标签区图标、顶部图标	24px×24px
文字	YIGOU 艺购之家	18px
	金刚区文字	14px
	小标题文字：潮流推荐、发先毫无、限时发售、折扣季、艺家等	14px（加粗）
	产品名	12px
	标签栏文字	12px

8.6.3　艺购 App 首页实践过程

1. 框架的搭建

（1）使用【画板工具】添加 iPhone 13 尺寸画板，将画板名称修改为【首页】。

（2）添加模式为【行】的布局网格，将【边数】设置为 14，【边距】设置为 20，【间距】设置为 20；添加模式为【列】的布局网格，将【边数】设置为 5，【边距】设置为 16，【间距】设置为 20，如图 8-21 所示。

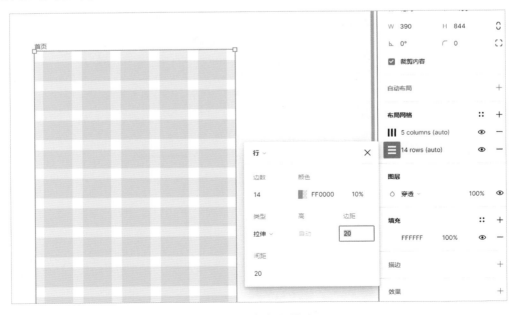

图 8-21　框架的搭建

2. 顶部 Banner 区及金刚区的制作

（1）搜索并运行插件【IconPark】，在此插件中搜索【汉堡】【搜索】，分别将图标拖曳至画板中，放置在布局网格顶部的两侧。

（2）使用【文字工具】在亮图标中间添加文字【YIGOU 艺购之家】，字号为 18，居中放置。

（3）先使用【矩形工具】绘制一个 390px×138px 的矩形，然后将素材文件【项目 8/8.6】中的图片复制到矩形中。

（4）使用【椭圆工具】绘制 4 个直径为 10px 的圆，放置在 Banner 图下方，将第一个圆的颜色设置为主题色橙色。运行插件【IconPark】，搜索【主题】【沙发】【鼠标】【星星】【咖啡】，分别将图标居中放置在布局网格的 5 列中。使用【文字工具】分别在每个图标下方添加文字【鞋服饰品】【居家好物】【3C 数码】【艺购优选】【小众精品】，如图 8-22 所示。

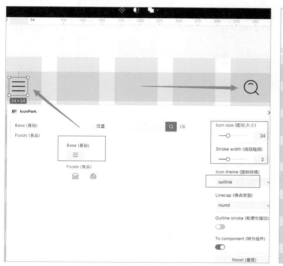
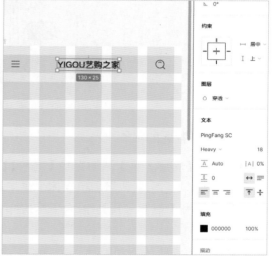
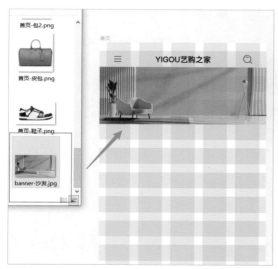

图 8-22 顶部 Banner 区及金刚区的制作

3. 商品推荐内容的制作

（1）使用【矩形工具】分别绘制 2 个 208px×120px、1 个 151px×156px、2 个 200px×74px 的矩形，整齐排列在界面中。

（2）依次将素材文件【项目 8/8.6】中的相关图片拖曳至不同的矩形中。

（3）使用【文字工具】分别在矩形中添加文字【发现好物】【prada 经典手提包】【限时发售】【AMIRI 低帮运动鞋】【抢购价：¥3492】【折扣季】【Jacquemus 斜挎包】【抢购价：¥7443】，如图 8-23 所示。

图 8-23　商品推荐内容的制作

4. 分类推荐区的制作

（1）使用【文字工具】添加文字【艺家】【潮流】【艺起秀】【限时折扣】，整齐放置在布局网格中。其中，【艺家】使用加粗字体，在文本处将字体粗细更改为【Heavy】。

（2）先使用【矩形工具】绘制两个 174px×90px 的矩形，然后将图片拖曳至矩形中，如图 8-24 所示。

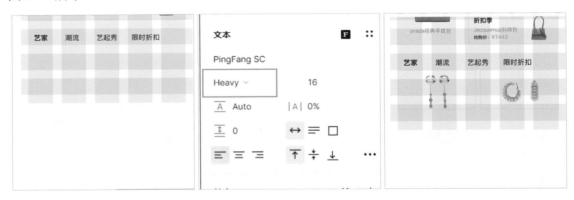

图 8-24　分类推荐区的制作

5. 标签区的制作

（1）使用【矩形工具】绘制一个 390px×83px 的矩形，添加投影，将【Y】设置为-4，【模糊】设置为 4。

（2）在距离底部 34px 的位置拉取一个参考线，参考线下面预留 iPhone 虚拟按键的位置，并在距离底部 8px 的位置添加一个 140px×5px 的黑色半圆矩形作为虚拟键。

（3）运行插件【IconPark】，分别搜索【首页】【分类】【太阳】【包】【我的】，选择对应图标，分别居中放置在模式为【列】的布局网格中。其中，在下载【首页】图标时，将图标属性设置为【filled】。然后在各图标下分别添加文字【首页】【分类】【灵感】【购物袋】【我的】，将文字【首页】加粗，如图 8-25 所示。

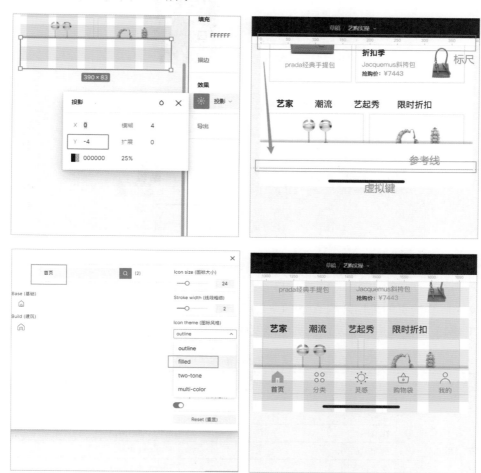

图 8-25 标签区的制作

8.7 详情页设计

在 App 中，详情页通常用来展示特定项目、产品或服务的详细信息和功能。这个页面通常包含了各种元素，比如标题、描述、图片、价格、评价等，以便用户能够全面了解和使用所选项目、产品或服务。

8.7.1 艺购 App 详情页分析

详情页的设计应尽可能清晰明了，以便用户能够快速获取所需信息。艺购 App 的详情页除了提供产品规格、功能特点、购买选项，还提供优惠信息和搭配推荐，以提供更好的购物体验，增加用户与产品的互动和转化率，详情页的原型图及参考图如图 8-26 所示。

图 8-26　详情页的原型图及参考图

8.7.2　艺购 App 详情页参数设置

艺购 App 详情页的采用艺购 App 的主题色，包括橙黄色#FFC97C、橘红色#EA7659、米白色#FCF9F4，如图 8-3 所示。详情页中涉及的元素的基本参数如表 8-5 所示。

表 8-5　详情页中涉及的元素的基本参数

类别	名称	尺寸
布局、图形、图片	布局网格设置	列：5 列，【边距】为 16，【间距】为 20。 行：14 行，【边距】为 20，【间距】为 20
	详情图	390px×374px
	搭配单品图	174px×150px
	潮流推荐图	208px×120px
	顶部图标	24px×24px
	底部图标	20px×20px
文字	品牌名：GUCCI	14px
	商品名	14px
	价格	16px（加粗）
	辅助说明：品质保障、全球设计、免费包邮	12px
	规格文字、热榜文字	14px

8.7.3　艺购 App 详情页实践过程

1. 框架的搭建设置

（1）使用【画板工具】添加 iPhone 13 尺寸的画板，将画板名称修改为【详情页】。

（2）添加模式为【行】的布局网格，将【边数】设置为 14，【边距】设置为 20，【间距】设置为 20；添加模式为【列】的布局网格，将【边数】设置为 5，【边距】设置为 16，【间距】设置为 20，如图 8-27 所示。

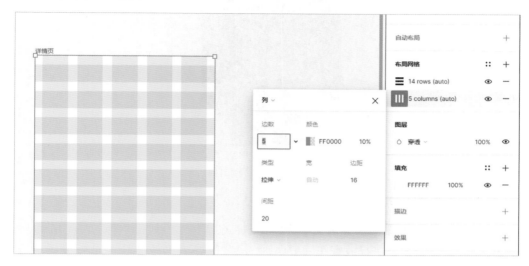

图 8-27　框架的搭建

2. 详情图片区的制作

（1）使用【矩形工具】在画板顶部绘制一个 390px×373px 的矩形，将项目素材文件【项目 8/8.7】中的对应图片拖曳至矩形中。

（2）运行插件【IconPark】，分别搜索【返回】【分享】【喜欢】图标，将对应图标整齐放置在布局网格的第一行中。

（3）使用【文字工具】添加文字【2/5】，对齐布局网格，放在详情图片的右下角，将文字【/5】的颜色设置为浅灰，如图 8-28 所示。

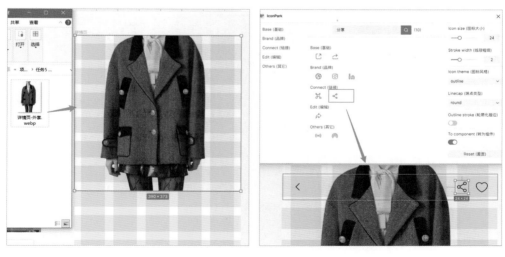

图 8-28　详情图片区的制作

图 8-28　详情图片区的制作（续）

3. 详情文字区的制作

（1）使用【文字工具】添加详情文字标题【GUCCI】【人字纹图案针织单排扣西装夹克】，
商品的价格【¥29500】，分三行放置在画板中。

（2）使用【椭圆工具】绘制一个 10px×10px 的圆。使用【钢笔工具】绘制一个对勾的图
标放在圆中，并在圆右侧添加文字【品质保障】。整体组合后，连续复制两份并移动至画板的
中间和右侧，分别将文字更改为【全球设计】【免费包邮】。

（3）使用【矩形工具】绘制一个 124px×18px 的浅灰色矩形，并在其中添加文字【符合满
20000 减 500 活动】，并在插件中下载右向箭头图标。

（4）使用【文字工具】添加文字【已选】【S】，在右侧复制右向箭头图标，并在文字下方
绘制一条 358px×0.4px 的直线。

（5）使用【文字工具】添加文字【TOP】【西装夹克热卖榜】，并在右侧复制右向箭头图标，
如图 8-29 所示。

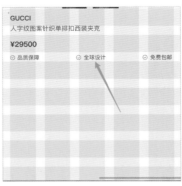

图 8-29　详情文字区的制作

4. 搭配单品区的制作

（1）使用【文字工具】添加文字【搭配单品】，放置在布局网格的左侧。

（2）使用【矩形工具】绘制两个 174px×150px 的矩形，将项目素材文件【项目 8/8.7】中的对应图片拖曳至矩形中，如图 8-30 所示。

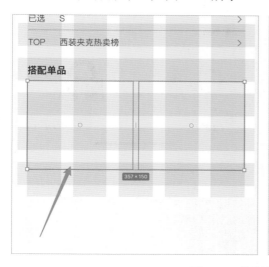

图 8-30　搭配单品区的制作

5. 购买咨询区的制作

（1）使用【矩形工具】绘制一个 390px×83px 的矩形，在距离底部 34px 的位置拉取一个参考线，参考线下面预留 iPhone 虚拟按键位置，并在距离底部 8px 的位置添加一个 140px×5px 的黑色半圆矩形作为虚拟按键。

（2）使用【矩形工具】绘制两个 120px×50px 的矩形，右对齐并排摆放。其中，最右侧的矩形填充主题色，旁边的矩形不填充但将描边设置为主题色。

（3）在两个矩形中分别添加文字【加入购物袋】【立即下单】。

（4）运行插件【IconPark】，分别搜索【消息】【收藏】，选择对应图标，放在界面左侧，如图 8-31 所示。

图 8-31　购买咨询区的制作

图 8-31　购买咨询区的制作（续）

8.8　个人中心页设计

个人中心页专门为用户提供个人信息管理和设置选项的页面，通常包含了用户的个人资料、头像、个人基本信息、账号设置、通知设置等。

8.8.1　艺购 App 个人中心页分析

在个人中心页中，用户可以进行各种操作。在艺购 App 的个人中心页中，用户可以修改个人资料，更换头像，修改密码，查看个人购物记录、收藏记录、订单信息等。整个页面简洁明了、易于操作。个人中心页的原型图及参考图如图 8-32 所示。

图 8-32　个人中心页的原型图及参考图

8.8.2　艺购 App 个人中心页参数设置

艺购 App 个人中心页采用艺购 App 的主题色，包括橙黄色#FFC97C、橘红色#EA7659、米白色#FCF9F4，如图 8-3 所示。个人中心页中涉及的元素的基本参数如表 8-6 所示。

表 8-6　个人中心页中涉及的元素的基本参数

类别	名称	尺寸
布局、图形、图片	布局网格设置	列：5 列，【边距】为 16，【间距】为 20。 行：14 行，【边距】为 20，【间距】为 20
	顶部背景图片	390px×197px
	头像	50px×50px
	设置、提醒图标	24px×24px
	记录类图标：收藏品牌、浏览记录、心愿单、我的点赞	20px×20px
	记录类图标底圆	38px×38px
	订单类图标	24px×24px
文字	账号名称	20px
	记录类文字：收藏品牌、浏览记录、心愿单、我的点赞	10px
	我的订单	16px（加粗）
	订单辅助文字	12px
	列表文字	14px（加粗）

8.8.3　艺购 App 个人中心页实践过程

1. 框架的搭建

直接复制详情页画板，删除其中的界面元素，将画板名称修改为【我的】，可以直接复用其布局网格。

2. 账号区域的制作

（1）使用【矩形工具】绘制一个 390px×197px 的矩形，并填充主题渐变色。

（2）使用【椭圆工具】绘制一个 50px×50px 的圆，在项目素材文件【项目 8/8.8】中选择图片填充头像。

（3）使用【文字工具】添加用户名【Tracy chow】，并在图标插件中搜索【设置】【提醒】文字，下载对应图标至用户名右侧。

（4）使用【椭圆】工具绘制 4 个 38px×38px 的圆，并填充为白色，将透明度设置为 80%。

（5）运行插件【IconPark】，分别搜索【标签】【时钟】【爱心】【赞】，将【Icon size（图标大小）】设置为 20，【Stroke width（线段粗细）】设置为 2，【Icon theme（图标风格）】设置为【filled】，将对应图标分别拖曳至白色底圆中。

（6）在 4 个白色底圆下方分别添加文字【收藏品牌】【浏览记录】【心愿单】【我的点赞】，如图 8-33 所示。

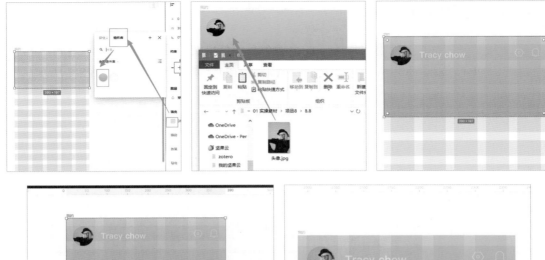

图 8-33　账号区域的制作

3. 我的订单区域的制作

（1）使用【文字工具】添加文字【我的订单】。

（2）运行插件【IconPark】，分别搜索【消费】【钱包】【火车】【信息】【金融】，将【Icon size（图标大小）】设置为 24，【Stroke width（线段粗细）】设置为 2，将图标拖曳至画板中，并在各图标下分别添加文字【待付款】【待发货】【待收货】【待评价】【退货/售后】，相互对齐，如图 8-34 所示。

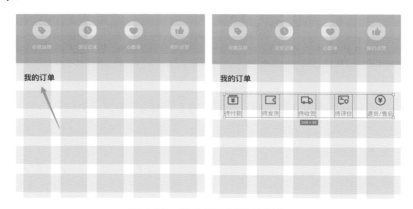

图 8-34　我的订单区域的制作

4．其他信息列表区的制作

（1）使用【矩形工具】绘制一个 390px×6px 的矩形并放在订单区域的下方，起区域隔断的作用。

（2）使用【文字工具】分别添加文字【我的优惠券】【我的礼品卡】【在线客服】【收货地址管理】【设置】，按行整齐排列在页面左侧，并在文字右侧添加右向箭头，文字底部添加 356px×1px 的直线，如图 8-35 所示。

图 8-35　其他信息列表区的制作

5．标签区的制作

标签区可直接复制首页的标签内容，加粗文字【我的】，并将【我的】图标的填充颜色设置为主题色。取消【首页】图标的填充，将文字【首页】更改为正常粗细即可，如图 8-36 所示。

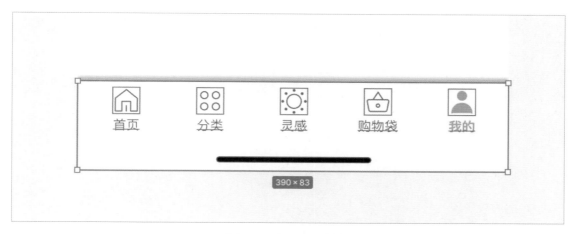

图 8-36　标签区的制作

8.9 学习反思

8.9.1 项目小结

本项目详细分解了艺购 App 各个 UI 的设计与制作过程，通过对艺购 App 部分界面的设计与制作，读者已经具备独立设计不同风格 UI 的能力。

8.9.2 知识巩固

（1）根据实操步骤，完成购物 App 艺购的 UI 制作。

（2）设计并制作一组以音乐为主题的 UI，输出不少于 5 张 UI。

反侵权盗版声明

　　电子工业出版社依法对本作品享有专有出版权。任何未经权利人书面许可，复制、销售或通过信息网络传播本作品的行为；歪曲、篡改、剽窃本作品的行为，均违反《中华人民共和国著作权法》，其行为人应承担相应的民事责任和行政责任，构成犯罪的，将被依法追究刑事责任。

　　为了维护市场秩序，保护权利人的合法权益，我社将依法查处和打击侵权盗版的单位和个人。欢迎社会各界人士积极举报侵权盗版行为，本社将奖励举报有功人员，并保证举报人的信息不被泄露。

举报电话：（010）88254396；（010）88258888
传　　真：（010）88254397
E - m a i l：dbqq@phei.com.cn
通信地址：北京市万寿路 173 信箱
　　　　　电子工业出版社总编办公室
邮　　编：100036